U0773112

瀚·心灵

瀚·心灵

# 一个人的蜜糖
# 另一个人的砒霜

## 寻找自己的幸福地图

[新加坡] 狄芬尼 著

海天出版社（中国·深圳）

## 图书在版编目（CIP）数据

一个人的蜜糖，另一个人的砒霜 ： 寻找自己的幸福地图 / （新加坡）狄芬尼著. — 深圳 ： 海天出版社, 2016.1

ISBN 978-7-5507-1464-9

Ⅰ. ①一… Ⅱ. ①狄… Ⅲ. ①幸福－通俗读物 Ⅳ. ①B82-49

中国版本图书馆CIP数据核字(2015)第216370号

**一个人的蜜糖，另一个人的砒霜**：寻找自己的幸福地图
YiGeRen De Mitang，LingYiGeRen De Pishuang：Xunzhao Ziji De Xingfu Ditu

出 品 人　聂雄前
责任编辑　许全军　林凌珠
责任校对　万妮霞
责任技编　梁立新
装帧设计　知行格致

---

出版发行　海天出版社
地　　址　深圳市彩田南路海天综合大厦7-8层（518033）
网　　址　http：//www.htph.com.cn
订购电话　0755-83460202(批发)　83460239(邮购)
设计制作　深圳市知行格致文化传播有限公司　Tel：0755-83464427
印　　刷　深圳市新联美术印刷有限公司
开　　本　889mm×1194mm 1/32
印　　张　9
字　　数　150千字
版　　次　2016年1月第1版
印　　次　2016年1月第1次
印　　数　1-4000册
定　　价　32.00元

---

［新加坡］狄芬尼

## 作者简介


狄芬尼，曾任大学副教授、媒体主编和商业策略顾问、Life Coach（生活教练），做过广告与品牌推广、国际项目协调、地产规划和财富管理等工作。

其作品《十倍薪与百倍薪的快意人生》在新加坡、中国大陆和中国台湾三地相继上架，作品以传授实用的人生规划和财富技巧受到华人圈广大读者的欢迎。

狄芬尼现居住在新加坡东海岸，喜爱美食、电影及音乐，喜爱摄影和自由自在的旅行。

电邮：daphneyuen998@gmail.com


## 作者手记

如果我只教你赚“十倍薪”，那你只学了一半；
无论拥有多少财富，你人生中不可或缺的，是幸福。

给那些渴望快乐和幸福
并确实想要改变自己的人

# 序：热情的生活

郭亮

1988 年 4 月，美国有位年轻的哲学博士霍华德·金森对 121 名自称很幸福的人进行了调查，得出两种人会感到幸福，一种是淡泊宁静的平凡人，一种是功成名就的杰出者。20 年后，这位霍华德博士再找回当年的那 121 人，做了次回访，却得出了不同的结论：所有靠物质支撑的幸福感，都不能持久，都会随着物质的离去而离去。只有心灵的淡定宁静，继而产生的身心愉悦，才是幸福的真正源泉。

如果这是关于幸福的结论，那么我们是不是可以当成公式一样，照着生活，意思是，只要保持心灵的淡泊宁静，保持愉快，就可以拥有幸福的人生？假如这也成立，那么最后的问题就是，如何保持那种心灵的平静和喜悦？这是关键，但也最难！

幸福快乐人人都想拥有，可是与生俱来的各种欲望，却总是让人觉得是与幸福相悖的，不小心感觉到了，却又不宜久藏，所以总在寻找永远保鲜的方法，而心里明白“永远”两个字大概只会是一个梦想。

人们拥有幸福快乐的感觉，就像是走路碰着东西，这是人人都有的经验，又大都说不清道不明其原因。我一直觉得这是个大命题，这也是我特别佩服芬尼的地方。她不但告诉你幸福快乐为什么重要，而且居然还有获取的方法。如今距离当年的调查已过去快三十年了，假如再来一遍，不晓得结论会不会又有不同？我不知道，可某种意义上说，芬尼知道。

认识芬尼好几年了，每次见面聊天，她总有说不完的新鲜趣闻、旅途体验，还分享她正在写的新书、未来新的计划等等。好像上本书刚在中国大陆和台湾上市，这本幸福疗愈宝典已经在动笔了。她总有许多事在忙，可忙得那样开心，那样投入，眼里有光。当然做什么事都不会总是一帆风顺的，都需要努力和耐心。其实有时我会觉得芬尼大可不必这么忙，以她的资历、经验及条件，完全有能力选择一种至少常人都觉得更为舒心舒服的日子，可她偏不，偏要马不停蹄地做着各种各样她自己觉得要完成的事，且乐此不疲。

因为好奇，芬尼对世界充满了兴趣，虽然已过不惑之年，可她不像普通人那样随着年龄的增长，愈发墨守成规或故步自封，漠视事物的发展而一切以经验为上。因为好奇，她不断地要弄明白，弄明白了就要分享，分享给他人后，自己又去探寻下一个谜题。人为什么不快乐？她想知道，假如为了钱，那么如何更有钱？她想知道，有了钱为何还不觉得幸福，她想知道。搞清楚弄明白之后，于是有了《十倍薪与百倍薪的快意人生》，有了《寻找自己的幸福地图》……大概，不是大概，是一定还会有更多。

跟芬尼面对面聊天，你总会被她眼里的光吸引，久了你就会懂得，那是一种探知的欲望需要满足，一种可以分享的喜悦需要传递，就是热爱生活。正如书中所言："热爱，是一种主动追求，也是一种专注的沉浸。专注于一件你认为有意义的事情，可以产生莫大的推动力，促使你去忘我地、专心致志地演练和探求。"

强大的生活热情源于热情地生活。

为什么人们总说幸福其实很简单？为什么"笑一笑，十年少；愁一愁，白了头"成为古训？就是知易行难，常挂在嘴边的往往是最难做到的。如何开始？如何成就？那就请阁下打开这本书，像芬尼一样，唤起好奇，看看答案究竟是什么？

*作者为新加坡新传媒电视节目主持人、影视演员、南洋艺术大学戏剧系讲师，《联合早报》《都会佳人》等专栏作家。*

# 目 录

## CHAPTER 4 偷走幸福的黑手



# PART II 幸福的法则

## CHAPTER 5 采撷和营造：快乐是一种心境



## CHAPTER 6 快速简单的幸福调适



## CHAPTER 7 攀上幸福的巅峰

## CHAPTER 12 过去 现在 未来：一个澄静美世界



## 附：欢乐大派送



## 跋

## 致谢

# 前言

## 人生的意义：活着就是要幸福

“人活着最想得到的东西是什么？”

对于这个问题，很多人毫不犹豫脱口而出的就是两个字：“幸福！”

如果让你仔细地给自己内心深处最想要的东西排个名次，你很清楚，排在最前面的那个，不一定是一份最满意的工作，也不一定是得到多少多少的金钱财富，爱情当然很重要，“嗯，但是仅有爱情是不够的”。说来说去，如果只能留下一样的话，那么多数人会选可以代表一个人内心所求的综合指标：幸福。

幸福，是人生的意义和终极目标。如果没有幸福从内心深处油然而生，那费尽全力挣来的功名利禄、成就名望、金钱财富等等，说不定就会像变了味儿的酒，成为一种遗憾的负担。

那么，幸福是什么呢？

非常遗憾，我无法说清楚；更为遗憾的是，大家也都说得不那么清楚——从古到今人人追求的幸福，包括亚里士多德、孔子、苏格拉底和柏拉图一大堆中西先哲在内，虽经各个世纪不断探索和阐述，加上目前庞大的现代研究阵营经年累月不懈的努力，但是，到今天为止，还是没有谁能把幸福的概念像定义原子、纳米一样科学、完美地表达出来。——这不是我在为自己开脱，有些东西、有些时候，恰恰处于人类对知识探索的有限和无限的交界地带。这一方面说明人类对于自身的了解并不比对太空多多少；另一方面，说明幸福是一个随时代、地域、社会潮流发展的变体。没有完美定义，意味着事物正在继续发展和探索之中。

之所以有这种情况，并不在于努力不努力和有效无效，而是世间的确存在着那么多的未知。例如美学中的“美”和心理学中的“幸福”（不幸的是，本书恰恰与这两个概念有关）。也许，什么事物到了雅俗共赏、老少皆知、世代追求、不断尝试和拓展变化的程度，连概念和内涵也需要时时被丰富被更新？迄今为止，在人类精确定义了无数事物之后，什么是美，什么是幸福，依然是人人都可感知却无人能全面完整定义的空缺——也许正因为如此，才更激发我们探索的信心和勇气，鼓励我们挑战未知吧。

但无论如何人人都想要幸福——管它是什么呢！反正，幸福就是人的“心里想”——那个一直揣在怀里朝思暮想做梦都想得到的东西。

在 2013 年，我曾经写过一本书，教给那些想改变自己命运的人怎样去赚“十倍薪”。坦率来说，人怎样赚钱、怎样规划自己的人生以及怎样开拓潜力、延续自己的财富，这些并不是很难的事，用心加毅力往往能够奏效。但是如果我只教会了你赚十倍薪，那你只学会了一半，无论拥有多少财富，你人生中不可或缺的，是幸福。

幸福当然和物质财富分不开，但又不等同于拥有物质；幸福看不见摸不着，却还是能够处处感觉得到；幸福虚无缥缈，不能直接撒网捕捉，却在你实现和经历过的人生高低潮的当儿悄然浮现。如果说一个人不幸福，那么，有多少金钱，拥多少豪宅，再有怎样的香车美人常伴左右，挟多大功名成就与影响力，心中还是难言的不幸福。

幸福就是这样一种人人想要又不可名状的东西。

偏偏这里就挂出了一张“幸福寻宝图”——如果你相信幸福这玩意儿，我们就拿着这张发黄的羊皮纸上路吧。如果你愿意，就张开心网，细细品评、用心捕捉幸福的那种感觉；用你的心去触摸幸福的鳞片和质感；用你的灵魂之眼去辨别比黄金更珍贵、比蜜糖更甜蜜的那种东西。你自己要去找到那条盘绕在心灵上的迷踪之径，然后自己学会怎样用快乐胀满期盼的心房。

幸福捉不到哦，只能用心灵去拥抱。

成长是自己的，这个旅程你要自己走喔——

Ok,let's go!

狄芬尼

# PART I
## 你的幸福地图

# CHAPTER 1

## 幸福就像海市蜃楼

每个人自从出生　就朝着一个方向奔走
在刚刚开始的时候　脸上带着微笑
渐渐地　因为幸福难求　我们麻木了
更有甚者　越来越多追求
变成包袱
变成背道而驰
幸福　是酿在梦里的酒香
醒来时　我们四顾茫然

这些年走过许多地方，到过许多城市，看过许多形形色色的人。虽然旅人的脚步匆匆，观人观物有些走马观花，却还是感到，城市的轮廓越来越相近了。走在各个国家、地区尤其是那些被称之为“门户”或“窗口”的典型的大都市，人，也越来越相像了。不管是哪里的城市哪里的人，大家虽然说着不同的语言，却穿着很多牌子相同的衣服鞋袜；虽然不同的肤色、风俗，却拿着同样熟悉的手机和 iPad；虽然各国收入水准不尽相同，但是，地铁、巴士和私家车其实也大同小异。从东京到巴黎，飞机场、地铁和 Shopping Mall 里涌出的人群，大家手里拎着的、掌中拿着的、脸上化的妆甚至面部的表情，都让人觉得似曾相识——我们生活在一个全球划一的摩登时代，衣食住行，从吃的到用的，从地球的这端到那端，流行像季节，只需“一风吹”，遍地开满差不多的花。

## 倾听心跳：为什么我们感觉不到幸福

翻翻30年前的老照片，你会发现，虽然仅仅30年的时间间隔，但是社会发展的速度却让人恍如隔世。30年前，人人脸上洋溢着纯净美丽的笑容；30年后，人人手中拿着一部智能手机，走路也不抬头。

你此时此刻手中拿的4G智能手机不仅可以进行视像通话，还可以当电子钱包；不仅可以随时随地与家人朋友飞传简讯、图片、音频、视频，还可以当摄像机、录音机、照相机、计算器和进行全球定位；不仅可以连上办公系统收发邮件还可以管理个人事务、做运动记录卡路里消耗量和运动强度，也可以记录心跳、血压和其他关键的健康数据。

当然——你拥有的当然不仅仅只是一部智能手机。如果你已经使用智能手机了，那几乎可以肯定的是，你或早或晚也要使用其他的现代社会必不可少的工具和用品，比如平板电脑，外表炫酷的私家车以及智能化管理的公寓大厦和房间里琳琅满目的其他产品，因为你生活在现代社会里，是一个摩登优雅的现代人。

这没什么不好。只是，与光鲜的外部衣着时尚形成强烈对比的，是现代人困顿苍白的内心。各个国家节节上升的心理疾患和抑郁症发病比率可以证明这一点。生活在物质丰富、制度先进的现代社会，全球绝大多数人享受着远比三百多年前公平周全的社会体制和快捷发达的社会服务，许多人受过现代高等教育，经过自身的努力，拥有了涵盖众多层面的品质不错的现代生活。——但是，非常遗憾的是，与祖辈、父辈们相比，我们的日子虽然过得好多了，幸福感却大大地降低了，很多人甚至感觉不到幸福——是什么在消解着现代人的幸福感？

这种现象在社会中坚阶层聚集的地铁里表现得最为充分——无论是在东京、上海、台北、新加坡，抑或在伦敦、巴黎、纽约的地铁车厢里，目光所及，你看到的多是衣着光鲜、手拎漂亮公文包或者名牌手袋、拿着智慧型手机或 iPad mini 的“低头一族”。人们利用短短的几分钟、十几分钟乘坐地铁的时间，忙着使用免费 Wi - Fi，十指轻点，忙着飞传手机简讯、浏览网站或查看电邮，再不就是观看下载的视频和打电玩。——从外表上看，世界各地的人们与史前人类的最大区别是，大家都衣冠楚楚，看起来物质条件都很发达，横贯全球的名牌风已经让人们不分种族和肤色，共同地追逐着那些常见的著名品牌，从服装到电子产品，从钥匙包到行李箱和其他配饰，出现在大家面前的都是那些东西。

——当然，另一个惊人相似之处是，现代城市中人们的面部表情也高度一致：从东京到纽约，从北京到伦敦，人们脸上的笑容越来越少，表情也越来越凝固了。高度木然，成为现代人脸上的一种半人半机械化的表情符号——这种表情早在20世纪初就已经在英国的文学作品中被英国作家形象地描写过：工业化后的伦敦码头上，匆匆走过的渡轮乘客的表情看起来像“人人都有一张很生气的脸……”。

今天，世界各国的飞机场和地铁都被人们习惯性地看作是一个国家或者城市的“窗口”。对于现代人典型的“麻木地铁着脸”这个问题，好几个亚洲媒体曾经发动过讨论探索究竟。读者们也纷纷畅言，认为木然的面孔确实不好看，但仔细考究却各有各的原因。一位作家也在文章中提到他到过许多地方，结论是“全世界地铁上的人的表情都不好看”。既然大家乘坐地铁是为了赶路而不是来看谁脸色好看不好看的，况且下夜班的、拎行李的那么多人都疲倦着，能将就着到站下车就算是达到目的了，谁脸上表情怎么样，管他冷冷的还是臭臭的，都无关大局了，大家互相漠然无视冷脸相对也算是扯平了。问题是——不用说太远，随便拿出一沓几十年前的老照片翻翻看看，对比就出来了：过去那些挂在人们脸上的楚楚动人的微笑哪里去了？

## 幸福路上的狂奔：只有朦胧没有风景

毫无疑问，我们的生活就像目前生存的外部环境一样，被改变了。但是，谁改变了我们的幸福呢？

造成人们快乐和幸福感知体验大受影响的首要原因是现代社会发展的高强度和快节奏。过去，我们的市中心就是一条“十字街”，现在，很多城市都有了“卫星城”。人们居住的城市越建越大，道路越修越密集，交通却是越来越不顺畅。那些精心设计和科学规划之后的现代化的城镇里，高楼林立、鳞次栉比，人们行色匆匆上班下班，每天赶完巴士挤地铁，按着班车进站的时间表延展着自己的生活。居住在大城市边缘的人们，许多人每天用于上下班的交通时间需要 2–4 个小时。早上不到 6 点出门，晚上回到家常常要超过 9 点。如果还需要捎带着拐个弯买些菜和其他生活用品，处理一些个人杂务，那么，现代都市里的居民常常一周 5 天，每天超过 12 个小时奔波在生存线上。忙工作、忙生活，忙来忙去，除去工作、交通和家务的时间之后，疲于奔命的他们往往已经没有多少力气，也没有几许时间去公寓里的健身房和花园旁的游泳池了，连每天出门必经的花园里的花什么颜色，也说不清了。

如果再具体地询问城市上班族的时间分配，你会发觉那是一种很无趣又让人吃惊的事。在以现代高效率著称的当今时代，人们从清早起床就开始了冲锋陷阵、加班加点，到晚间的个人提升课程修读、照顾老人孩子和清理家务，每个人都活得像是一个飞快旋转的陀螺。许多人在办公室附近吃着大家都别无选择的垃圾快餐，一些人干脆还免去了早餐。如果一家人能够聚在一起享用一天的晚餐的话，那说明日子还不错。原本也是浪漫的年轻人因为加班错过了花好月圆，从前很恋念朋友的中年人现在基本上都没多少工夫去会老友了。上班族们周末的一大心愿变成了赖床补觉，一周如果还有半天的空闲，可以去聊天、喝茶、看电影、做运动、逛街购物放松一下的话，那其实是相当让人羡慕的。

你生活的城市也是如此吗？我们有这样多“必需”的忙碌来争夺一周 7 天有限的时间，那些个人的娱乐和放松的时间，曾几何时，都被挤压成了“非必需”？

在这种急匆匆、高强度的时代里，有多少人可以不疲于奔命？有多少人还可以在闲暇时候保持兴趣、享受乐趣？还有多少人能够平衡快节奏生活下的方方面面？正如大家所猜测的，大多数上班族都不能——清闲只待退休后。在不能从容以对的日子里，多数人的“陀螺法则”就是做“减法”：在有限的“旋转”里优先应对那些催得急的“鞭子”，不是“必需”的项目都被延误或者干脆被取消。

那么，什么是必需的？什么不是必需的？从被人们简化、清除掉的事项上看，“立马可行”法则下被精简掉的，正是除去工作、生存、赚钱之外的那些能够带来乐趣但需要花一些时间的事情，比如走亲访友、读书、绘画、看电影、发展自我等等，这些都是需要花一些时间却不能立竿见影提供“效果”的事情。难道是这些历来被人们看重的事情现在不重要了吗？不是，是“生存第一”的排序，成了现代社会人们的第一选择。

——我们一路狂奔，却看不见风景。

不幸的是，幸福这东西，恰恰需要人们花上一些时间，去慢慢滋养、慢慢体味。

## 行将崩溃：是什么堆积在心头

随着现代社会带给我们的众多琳琅满目精致闪亮的新物件不断登场，在纵情追逐这些五光十色的物质和异彩纷呈的娱乐的同时，紧随其后的，就是享受这些美妙时光所带来的账单——有些甚至需要预先支付比如旅行配套、网购的新款手机，以及某品牌的价值 5 位数美金的需要提前 18 个月订购的手袋。当然，在这些消费账单的还款压力之上，还需要额外捎带上一些你在工作场所强力竞争的压力和人际关系纷扰的附加压力——消费只是挥手签单的一个潇洒动作，在还款的过程中，人们才会静静地体会到原来挣薪水是个艰巨漫长的过程。

社会越发达，人们的需求越被精心设计，并被开发、引导成越来越高价的金钱消费。这些消费往往被包装成一种时尚的流行，让人们产生一种不能抗拒的潮流性吸引力，变成一种普遍性的、人比人之后必须拥有的东西。它们是那样地让人心动，甚至让人感觉到如果慢一步跟随就会自惭形秽，就会因自己的过时而被社会和大众淘汰。就这样，我们在生活中的需求逐渐地被提升成了高要求。名牌教育、名牌时装、名流生活成了大众梦想式的欲望消费，而以往的生活必需如柴米油盐、走亲访友、个人追求等等涵盖生活各个层面的活动内容，都或多或少地难免流俗的侵袭。因而，现代生活笼罩着现代人的是高品质生活追求理念之下的如影随形的高压力。人们为了跟上所谓的时尚潮流，从一踏进社会领到薪水那天起，就被诱惑着签署了一份终身契约，把自己大半生抵押给银行，提前换取从汽车、住房到小额贷款以处理生活里的大小事。在这个世纪，我们生下来就被教会了超前消费。

在超前消费极具魅惑的引诱和时髦的感召下，你得尽全力捍卫和保全消费者的这份资格——那就是保障你的信誉，保障信誉其实是保障你的财务支付能力。天下没有免费的午餐，自在完了总是要还钱的，银行的信用卡是看信用的，你必须讲信用才能维持这种借人钱财归还利息的双赢合作关系。想要维持现代人的信用，这代价可不低。近百年来，现代金融业的发展、发达全靠这个信用体系。除了预付你人生的二三十年之外，高速发展的社会另一伴生饿虎是通货膨胀。起起落落地轮回那么几次，你就会悲哀地发现自己又被淘洗了，物价、人工、越来越庞大的机构费用和越来越昂贵的场地租金，一回头就平摊到你自己的生活里——不断被推高的物价最后还需要全社会来买单。作为大众的一员，作为普通消费者你还要再回到日常消费中去，承受这种不断推高的价格，进而负担更多的支付压力。谁也逃不掉高速发展的社会和极大丰富的物质消费所带来的繁华——当然也包括了这种繁华的后果。

近 50 年和 100 年来的物价曲线可以清楚地证明这一点。对于欧洲古堡来说，房子还是那幢房子，百年古堡的石墙历久弥新，变化的只是戏剧性发展的价格——或许很多人都有自己家老屋的故事，从几千块、几万块的祖传价格飞涨到目前的千万、亿万豪宅，建筑材料只是区区的附加，升值的魔力更多地来源于光阴的飞逝、人们被提升的欲望和土地的升值，当然这里面还有着通胀的推波助澜。

在近现代一根斜线向上的消费趋向上，大众消费水涨船高，越来越上档次，越来越豪华和复杂化，从而被注入和重新码定新的价值含量。这些消费的支付也因越来越庞大而细分，物价与压力都在几十年里以一根陡直的斜线在时光中无限延伸。50 年前的美国大学学费从一年 5000 美元左右升至目前的一年 5 万余美元，一些大学 4 年的学费、生活费加起来没有 50 万美元念不下来，而那些公认的名牌私立大学则可以自由地定更高的价格。2013 年末，新加坡约 800 平方英尺（1 平方英尺约合 0.09 平方米）的 2 房公寓的售价已经达到 100 万新币，中国北京五环的 100 平方米的 3 房公寓售价为 800 万人民币，香港的 2 房公寓则需要 1000 万港币，英国伦敦市区的一个停车位要价 40 万英镑。这样的物业价格，与人们辛勤工作所赚得的薪水相比，体现的价值令人沮丧——不过是用于解决生活必需的栖息之所而已。这不仅令人怀想美国和中国偏远乡村的温馨，也怀念爱尔兰、马来西亚和其他所有房屋价格在工薪一族可承受范围之内的住宅梦。除此以外，食品价格在近10年里飞涨3倍以上，托儿所费用之高昂，令家长大叫幼儿托费赛过博士学费。医院出现天价医疗费和病床、护士、看护的严重不足；道路由于城市的快速扩展出现严重拥堵；中国每年有七百多万大学生面临就业困难，欧洲的失业率长期居高不下，美国和日本的经济下滑十几年了还止不住。这些已经成为常态的由各个层面散发出来的压力，在社会上每个人生活的方方面面中，在世界上多个国家都在同时进行着。

压力无处不在。为了生存，人们不得不适应当前的社会发展和经济状况。而太多的压力正慢慢蚕食着人们生活中的快乐，让很多憧憬悄悄地被挤占、被压缩、被遗忘着。幸福——人们过去祖祖辈辈追求的幸福，反而是在日益发达的现代社会，变得愈加昂贵和遥不可及了。对许多人来说，得到幸福，听起来比得到昂贵的名牌包和汽车难度要大得多。



## 流行是一个万花筒：困惑中难以抉择的生活

淹没现代人的，并不仅仅只是一个物质的海洋，还有风起云涌的各种思潮和生活方式的冲击。这些来源于人们的思想意识，围绕在人们日常生活中的互相影响、互相作用和看不见却贯穿于每件事物里的内在行为准绳，我们统称为价值观。

价值观决定着人们的思想、行为方式和生活方式，统领着人们对事物的评判和选择。人们不同的价值观和不同的选择，看起来非常个人化的单独行为，在社会化的大潮中，却会对许多人产生广泛的余震、深远的潜在影响和作用。

近百年来，飞速变化的不仅仅是我们所处的外部物质世界，还包括纷繁多姿的人的内心。不断被各种思潮引领、潜移默化的人的思想观念，正从内里——跟外部的物质世界一样——在改变着人类自己。这集中表现在求新、求变的物质消费主义风潮，这股风潮渗透影响和延伸到人类其他各领域。过去的保守、节俭、守恒的信念开始松动，代之以快餐式的一次性或短期行为，而这种行为模式又被快速地带进生活的角角落落里，极大地冲击着改换着人们以往的观念，人们的行为水准开始有了很大的不同，过去恪守的也许是今天唾弃的，过去鄙夷的也许是今天追捧的。行为方式发生了质的改变，道德的框架也被重新审视和框定，旧有的社会共同遵守的道德体系也随之摇摇欲坠。最典型的就是人们对待爱情、婚姻、家庭的态度，报纸杂志、媒体专栏、电视节目和歌曲到处都是对当代生活的真实描写和推波助澜，仅从一些文章标题或者歌词就可以一窥端倪：

“不在乎天长地久，只需要一朝拥有。”

“婚姻制度是否需要保留？”

“爱情有没有保质期？”

“人类是单一配偶的动物吗？”

“宁愿坐在宝马车里哭，不愿坐在自行车上笑！”

…………

人心思变，跟过去大不相同了。美国、意大利、法国的总统们纷纷爆出性丑闻，连俄罗斯总统普京也离婚了；中国的一些高官们妻妾成群，因贪污和女人纷纷落马的新闻不断；报纸杂志上不仅明星轶闻艳遇狂卖，连老百姓自己的生活里也烽烟迭起，婚外恋、劈腿、感情欺诈比比皆是；互联网上的骗子更是跨越国境万里之外放长线钓大鱼天天都在下钩。过去几十年里没有听过、见过的，没有发生过的，现在在短短的20年里就遍地开花了。互联网时代，消弭了国界的五花八门的信息的爆炸性的即时通讯和传播，对人们的精神世界的影响无法估量，这是一个不胜承担的纷扰的时代。

但社会依然在快速发展着。无远弗届的互联网和日渐高涨的民主意识以及越来越多、越来越便利的国际交流和各社会形态的交互影响，给各种人群、思潮和社会文化背景提供了一个合法的开放式的显现机会，使得过去生活在相对封闭、保守社会形态中的人们互相窥视到了前所未有的复杂多样的生活样貌，这些形形色色的生活方式和价值观念，潮水般地冲击着人们的心扉；不尽相同的观念互相膨胀、碰撞，潜移默化地影响和改变着人们的行为。过去保守的人变得开放了，过去简朴的人开始着迷豪奢，安分的人开始心动，而那些离经叛道的“领头羊”们则成为新的时代偶像。社会道德的坍塌，旧有社会秩序的倾覆，社会伦理的迷乱，带给民众的是心理上的困惑。在是非莫辩、良莠难分的态势下，幸福又能何去何从，只能在大众欲望的海洋里载沉载浮罢了。

我们经历了历史的进步和社会的发展，享受了现代化生活的昌盛发达和物质丰裕，也相伴着接受了这种变化所带来的一些副作用，比如幸福感的失落问题。在古希腊的神话和传说里，人们创造了半人半动物的力大无比的角色，在现代，我们发现了自己越来越半人半机械，变得情感淡漠。社会的变革改变方方面面，旧有的村落式、密集型、依赖型群体人际关系已经远去，取而代之以核心家庭、小人口、邻里相住不相识的漠然、松散的人际关系，那种城市人群密集但心理隔阂的冷漠，已经成为今日的“酷”现实：有多少人可以叫出同出入一个门洞 10 年的所有邻居的名字？

物质冲击、人际压力也催发了人们心中堆积的欲望。“潘多拉的盒子”打开了以后，超快膨胀的欲望水涨船高，现实中的平实简单再也难以满足人们的想象。当想要的东西越来越多，当要付出的代价越来越大，当“必需”、“必要”与“想要”混为一谈的时候，人们的目标就严重迷失了，剩下的就是得不到的痛苦和更加明显的失落感了。——既已失去过去旧有的单纯密切的人际支撑，又泛滥了个人倍增的欲望，在现代生活中，又怎么能够感觉到幸福呢？

当一个社会真诚和真情也被拿来挥霍的时候，大众的代价就是广泛的幸福感失落。在一个浮躁的时代，幸福就这样远离了人群，从过去人人怀抱的美好悠长的心头回忆，变成了现实中情感疏远的蜻蜓点水式的肤浅，纯真的退却和情感的掺假，我们在空虚的风气里，互相进行着浮光掠影式的敷衍，而真正饥渴的只有我们的灵魂。

当拥有一切唯独感觉不到幸福的时候，幸福变成了眼前的海市蜃楼。

而我们渴望的可感的幸福，是一个需要寻找回来的世界。

# CHAPTER 2

## 调制一杯幸福鸡尾酒

幸福有一个奇妙配方
虽说谁也不能面面俱到
还是会
拥有了 99 个梦想
而缺少的那个
却成为遗憾的唯一

当一切酿成难以释怀的委屈
谁知道
幸福的魔方哪一个面
能让
芝麻为你开门

人的幸福与什么相关？广义地讲，世间诸事方方面面都会牵扯到一个人的幸福，很多因素都与一个人是否幸福相关；如果幸福是各方因素的总和等于100的话，那么，具备了99种因素而独缺一种想要而没能得到的，那可能还是不幸福。

但人也不是应有尽有就会幸福。有那么多不愁吃不愁穿的人心中却有无穷烦恼；没有得到的时候想得到，得到了以后发现还有很多其他的事情还是没做好？漫无头绪的幸福需要抽丝剥茧，看看幸福的心里到底藏着什么。

人心里想要的东西，不管那是什么，如果一直没有机会实现和拥有，就不会有圆满的感觉。有时候，心中的不圆满可能是一段失去温暖的童年，有时候那种缺憾可能是一段爱情姻缘；也许在儿时一个极为渴望而终未得的布娃娃成为一生的碎碎念，而更多的人，常常因为财富、荣耀、职衔，甚至身高、相貌、胖瘦而心存芥蒂和幽幽怨怨。所有的幸福皆因为完满实现，而所有的不幸福，无论大事小事、芝麻绿豆的都有可能是不幸的根源而久久不能释怀于心间。

所以，幸福没有定型概论，它是众人“心里想要的不缺少”。缺为不满，缺而乏，牵扯出渴望、希冀和遗憾。有时候，那种因缺少而带来的终生烦恼，常常比那个引起不幸的物件严重得多得多。比如童年的一个玩具，带来的与母亲、姐妹间的终生不和；情人的一句话，伤了一辈子的心；等等。那些缺失的、得不到的东西，常常被人们无限放大而留存在记忆中，成为人们心中永不泯灭的“最甜的葡萄”。因而，一些人固执地为自己的出身不开心，一些人为没有母爱耿耿于怀，一些人永久地怀念不能复活的爱情，一些人为20年前的晋升不成功郁郁难平。“幸福的家庭都是相似的，不幸的家庭各有各的不幸”，托尔斯泰的这句名言，恰好也可以说明幸福对于不同人的机遇和感觉。

如果说不幸的人各有各的原因，那么，幸福的共同点有哪些呢？找到了获得幸福的共同点，我们就可以更容易地追寻幸福。综合来看，下面几个方面的因素是决定绝大多数人幸福与否的关键。

## 幸福的基因：心态和性格

谈到幸福，许多人或许会认为钱越多的人越幸福，或者说，拥有最多物质条件的人最幸福。但是，这只是一种错觉。经过心理学家们的大量测试，结果却证实，那些拥有更多金钱、财富和其他物质条件的人，“只不过比他们的属下幸福多一点点”，其幸福感与普通人差别并不大。那究竟什么与人的幸福相关呢？“人之幸福在于心之幸福”，心态——而不是物质，是一个人幸福的关键。

“一念天堂，一念地狱”这句哲人之语被世人广为传颂。弥尔顿在《失乐园》中的这句话道出了幸福的真谛：幸福不幸福，“人心自为其境”，更在于一个人自己的内心；当他认为自己是幸福的时候，那他就是幸福的；当他认为自己不幸福的时候，无论外人怎么劝说，他也还是觉得自己不幸福。幸福不幸福原本就是一个非常主观的感觉，别人的判断只能是表面上的，最终幸福的认定，还要靠当事人本身的自我认定。

“一个人的蜜糖，另一个人的砒霜”，这句话大家也熟悉，它说出了一个人自身的心境、选择和幸福的关系，也说出了幸福是以个人心灵感觉为主的事实。幸福来自于人的心态而不是外部世界，虽然丰裕的物质和更完备的外部条件可以增强人的幸福感，让人感觉更美好，但是，只有丰裕的物质和完善的各项条件，是不能产生幸福的，幸福需要心灵的满足、许可和点燃。一个衣食无虞的富翁未必有一个吃了上顿没下顿的街头艺人快乐，而两个同样嫁给亿万富翁的女人未必感觉到一样的幸福——幸与不幸还需要当事人的自我裁断。人活着和其它动物不一样的地方，就是活着并不仅仅是饱食终日。树上的猴子有香蕉吃饱就可以晒太阳睡大觉了，但是，人却做不到，人还会考虑怎样才能更幸福和什么是真正的幸福。

既然幸福是一种心灵的感觉，那么，与幸福最直接相关的，就是人本身的心态和性格，这两样东西最容易影响人的心理和感觉。关于心态，我们常常评价这个人心态好那个人心态不好，一个人心态好不好的判定标准是看其心态是积极的还是消极的；积极的心态带来积极的行为和结果，反之，消极的人只能产生消极的想法并且这些想法处处阻碍着羁绊着他的行为，最终使他成为一个不成功的、悲惨的人。

所以，不管是家长还是学校老师，不管是朋友之间还是纸上文章，多会鼓励人们成为一个积极向上、乐观开朗的人，会鼓励人们培养快乐的个性和阳光的心态，鼓励大家大度能容不斤斤计较，并且鼓励人们学会珍惜和感恩，所有的这些鼓励都是要引导大家成为积极行动者而不是抱怨者，让大家宽容别人和善待自己，让人与人之间有一个良性的互动。这一切——我们从小耳濡目染，被口口相传或历代经书典籍以及十数年教育培养、指引、熏陶、造就和殷切期望的，首先是要做个合格的“人”，一个大写的、站得起立得住的“人”，然后才是这个人必须掌握的知识和各种技能、技巧；而培养一个人的核心，就在于其心态和性格。心态和性格好，不仅仅是其个人更容易得到幸福，也是家庭、社会之大幸也。

## 幸福的分水岭：年龄

在人的漫长一生中，对幸福的渴望会随着年龄的改变而改变，不同年龄的人对幸福有不同的诉求，也有不同的体验和心得，正像是人生不会一成不变，三十年河东、三十年河西，此一时、彼一时也。这对人的幸福感有很大的影响。

由于不同的年龄有不同的生活目标和感触，不同的渴望、追求和向往带来对幸福的不同要求。不同年龄的人有不同的心理需求和成熟度，这又反过来影响人们对幸福的解读和判定，继而影响幸福感的强弱和造成幸福感的高低起伏。

总体上说，人一生的幸福感呈“强—弱—强”的线性变化：无忧无虑、备受呵护的年少时期是大多数人的幸福时光；青年到中年的拼搏、责任、担子和中流砥柱带来较多压力，会有很多新体验和需要解决的问题、烦恼；而“知天命”后逐渐回升的幸福感则来源于生活的安定、压力的减轻和人生高峰期过后的乐天知命、甘于平淡的感悟。

多次的实验调查发现，由于少年儿童无忧无虑的天性，绝大多数又在父母的呵护下，成长期的儿童多数会感到幸福。随着年龄由小变大，需要学习和把握的事物越来越多，需要承担的社会责任越来越多，遇到的不以自己意志为转移的事情也越来越多，慢慢地，从青春期开始的成长的烦恼、社会责任、压力、负担以及在初入社会时由社会底层向上的奋进等，使青年人遇到了有生以来真正的艰苦挑战。相比之下，初出茅庐的青年人在社会各个年龄段中的幸福感是最低的，这种情况一直持续到他们成家立业、真正在社会上站住脚、以责任感和个人能力赢得尊重和体现个人价值时才逐渐得以改善。

中年人的幸福感比青年人稍微好一些。这可能是因为中年人相对于青年人来说，收入、成就和社会地位都有了显著提高的缘故。还有一点很重要，就是大多数的中年人都有了家庭。家庭的温暖，人际关系的广博支撑，和归属感方面的精神依托，都使得中年人在社会中的位置更显优势。但是，此时的社会中坚大多上有老下有小，是家庭的重要经济支柱，事业上也在爬坡和屡建功勋的最吃力阶段。虽然年富力强，养家糊口的经济压力和各种事务性的劳碌也使他们负担最为沉重，为各种繁杂琐事操心劳神在所难免。因而，一部分中年人的幸福感比较高，多是因为这部分人已经功成名就，在社会竞争中占据有利位置；而另外一部分相对薄弱的中年人则还需要继续艰苦奋斗才能过得更安稳一些。综合来说，中年人的幸福感是比上不足比下有余。

社会上幸福感最高的那部分人，是刚步入老年阶段的人群。在这方面，有一些人或许会费解，为什么不是最能战斗、最能施展才华、最能赚钱、体力最好、精神最旺、成熟又富于独立见解的中年人最具幸福感呢？为什么人在

60 岁以后退出大部分社会舞台、精力下降、临近风烛残年、健康逐渐出现问题的时候，反而幸福感更高了呢？心理学家们说，幸福感说到底是一种心理感觉，是一种人生体验；这种感觉和体验和人的实际生活现状有关，也和人的体察和感悟有关。人到老年，收入虽然下降了，精力也不如从前，但是，经过一辈子的辛勤打拼，儿女被养大成人，各自发展和开枝散叶，人生中该经历的都经历了，该完成的大部分也完成了，无法在年轻时候解决的问题现在也不再是个问题了。到了一个可以平静地接受自己、接受自己这一生的年龄，像船到码头车到站，完成了此生的或大或小的社会价值，或圆满或不够圆满的历史使命；如果此时生活安稳、老有所养，很多老年人的心态就是一种平静的满足；如果身体无病无灾，能够继续力所能及地发光发热，能够含饴弄孙、颐养天年，那就是神仙也不换的乐逍遥了。

另外一个非常重要的因素也大大地帮助老年人提升幸福感，那就是经历了一辈子风风雨雨的人，此时踏入人间黄昏，老年人普遍地有心理上的开悟和智慧上很大的擢升。此时的人生，可以看开许多过去的纠结，不再把功名利禄当成追逐的目标。人到了老年阶段，经历了该经历的大小事件，磨砺了性格，锤炼了性情，心态宽容了很多，心力也放下了很多，不再像中青年人一样拧巴、自己和自己过不去。幸福程度达到最高峰的年龄，不是在人生拼搏和收获的最高峰，而是在人放下心头千般累，退出江湖，不再与职场、社会和人群中角逐一竞高低的时候。

正因为如此，上了些年纪的人才会彻悟和珍惜当下的自在宁和，才能够静下心来安享天伦，在种花养草、旅游观光、读书看戏、会友谈天等等人生享受中颐养天年。其实，无论是种花养草还是旅行观光，这些原本都存在于人生各个阶段的种种生活乐趣，为什么只有老年人能够怡然享受呢？为什么不再拼搏赚钱的老年人反而幸福感最高呢？说到底，幸福感是和个人心理心态有关的，与追逐金钱、名誉、成就感很不一样的是，它需要一颗安然之心静静欣赏和拥抱、品味生活，它需要心境悠闲，也需要一些个人心灵的体悟，它还需要一些闲暇时光来酝酿、发酵和升温；当人的心有空余的地方的时候，幸福才得以生长和成长。因而，在人生各个年龄段中，大概也只有垂髫小儿与退休之后无纠葛的老年人，最能享受幸福吧。否则的话，为什么叫“金色晚年”呢？他们的幸福指数排社会人群中的最高，难道是黄昏的夕阳色可以解释的吗？

## 幸福的依托：工作

人的就业状态、工作目标和取得的成就感，能够带给人明显的甚至是强烈的幸福感。

一个人有没有工作，根本是两种不同的生活形态。有一份具体的工作要做，基本上就好比隶属于一个组织、一个机构或者一家公司，就要遵守这些机构组织的约定俗成，如规定的时间、地点或场合以及达到的工作目标。虽然这份工作可能完全是一个人做的，但是要统筹于全局，并且多数时候要和他人发生联系，即使自己一个人的公司也是这样。而没有工作的人，就是一个相对“自由”的人，即使自己也需要和人有互动、需要参加社交活动，这种联系基本上是无须特定的目标和责任的，从根本上和有具体的时间、纪律、目标要求的工作状态是不一样的。

虽然一些家境富裕的人士或许一辈子都不需要工作，许多家庭主妇因为孩子和家务的问题选择“男主外、女主内”的主妇生涯来维系一个家庭的良好运转，还有一些人是属于被动失业，因各种原因而无法工作，但是，这些不工作的人一样要生活并且同样可以维系生活。正如我们知道的那样，大多数人需要工作是因为需要一份薪水来维持生活，但是，工作它提供给人们的并不仅仅只是一份养家糊口的薪水，还有维系良久的人际关系和给予职业、技能的交流、交换、提高、升迁的平台；而那些将工作由热爱晋升到创造层面的人，无论是为企业机构工作还是为自己工作，都能够享受到另一种少有的创造之快乐——一种金钱回报难以企及的成就感和来自心灵的深度愉悦感。

虽然人人都知道享乐是一种快乐，但是工作有时候是非常辛苦和有压力的。一个人如果天天什么也不做，就只是无所事事游手好闲，即便是没有金钱方面的后顾之忧，这种日子因为没有什么实际意义，仍然是大多数人无法接受和“享受”不了的，即使是亿万富翁家的子女也不可以不上进的，无所事事被看作是坐吃山空和败家。所以，穷人家的孩子和富人家的孩子一样被要求好好读书、好好工作，只是各人的发展和意志各有不同、选择也各有不同而造成人生意义各不相同而已。

人生几十年时光，在有目标的奋斗中是最快乐、最有意义的。如果只是打发时光的胡吃海塞，那样的人生会变得十分漫长和空虚无聊。人类追求幸福的过程，说到底是探索人生意义和提升人生价值的过程。在这个世上走一回，没有任何的贡献与回报，没有做出些许的成绩与成就，没有过深入内心的惊喜和体验，没有悲哀，不懂欣喜，也不产生感触，木然地度过一生的人，与猪马牛羊三牲六畜一样地活着，又有什么区别？人类之所以是人类，就在于人类的思考力和创造力，在于人的感性和理性，在于人类可以将这种偶然的诞生、生长，活出一个美丽的成熟和巨大的超越生命的收获，用世间百态尤其是用工作和成就来提升人生的价值和意义。追求幸福，探索未来，践行和拓展当前的生活，追寻更加美好的生活和幸福，这本身就是人类对人生意义的丰富和完善。

因此，人们长久以来奉行的一个至高无上的理念就是“工作着是美丽的”。选择就业和工作，初步意义是养家糊口，但是，工作带给人们的，远远超越以劳动力换取工资的价值。它超越维生的实际层面意义在于，工作不仅给你一个饭碗，更给你一个更加充实快乐的人生。虽然人们会时常抱怨工作过程中的机械、压力和辛苦，甚至有时候还有挫折感。但是，如果不工作，终日无所事事，很多人又会大喊受不了，有一种“生命中无法承受之轻”，不会太久就又回到工作的忙碌中去了。

无论如何，哪怕工作并不是为了金钱只是做做义工呢，它带给人生的意义仍然是人们最看重的。那些有重大发明创造、在艺术创作中有建树、在农工商百行百业中做出巨大成就的人，不管是创造了物质价值还是创造了精神价值，抑或是创造了财富和提供给予大众福利和快乐的人，他们都会乐此不疲、忘我地投入工作。就是因为当沉浸在工作的激情中时，工作可以大大地提升人生的意义，可以大大地提升人们的幸福感。

## 幸福的保障：收入

无可否认，我们生活在一个物质的世界——即便不是生活在后现代的物质社会，在原始社会也依然存在着生活的物质层面，身穿树皮树叶的原始人也要数果子分羊量稻米，也要具体到柴米油盐，关照到生活的细微处。毋庸讳言，物质是我们生存的基础，以后无论到了何种的社会形态，物质方面的消耗依然还是基础性的和无法避免的，这之后才是精神层面的提升。但是，无论是哪一个层面，我们还是逃不开为这些消费必须支付的那些费用，而收入，就是我们用于这些支出的重要保障。

根据一些经济学家和心理学家的调查分析，一个人的收入和他的幸福感有一定联系，如果收入高一些，幸福感也高一些；普遍来说，收入高的人比收入低的人幸福感高，富人比穷人的幸福感高——但这并不意味着收入最高的人最幸福。事实上，当一个人的收入达到一定程度，因收入所带来的幸福感也会出现饱和而不再攀升。

毫无疑问，物质层面的生活构成了大众的生活基础。任何人，无论是农夫还是艺术家，开门七件事，柴米油盐酱醋茶，哪一样都需要用收入去支付。更有甚者，生活在现代社会的人们，尤其是生活在城市中的人们，工作收入可能是一生中的主要或唯一收入。如果没有了工作收入，仅仅凭着政府的救济金、残障津贴和慈善捐助，可能只能勉强生存而无法维持一般意义的生活。一个朝不保夕、衣不蔽体、食不果腹挣扎在生死线上的人没有生存保障，也没有安全感，更不可能产生多少幸福感。不要说完全没有收入了，就算是有一定收入的低收入阶层，如果每月辛苦所得不能支付食品、房屋、医疗、教育、交通等必须性支出，节衣缩食、紧紧巴巴过活的人也普遍缺少幸福感。只有在一个人的收入有保障、这些收入用来支付必要生活费用尚有余地、生活安稳并可以支撑一些精神层面的享受时，人的幸福感才开始悄悄爬升。

毋庸讳言，富足的生活是人人向往的。富足的生活首先是衣食住行有保障的生活，其次，“富”到“足”意味着适度的财务宽松、没有多少支付压力，并且有可能随心所欲和无忧无虑。富足带来的舒适感和安全感对提升人的幸福感有很大的支撑力，这是无论哪个社会形态下的人们都追求富足的原因。

富足首先来源于高一些的收入。对高收入的渴望在很多人的心中长久地徘徊着，人们憧憬生活的幸福首先是从物质层面的逐步改善开始的：时不时下下馆子吃点好吃的，小房子换成大屋子，挤巴士的希望有朝一日开上自己的私家车，手中有10万元存款的还会想着20万元…… 正所谓“芝麻开花节节高”。富足是生活的美好方向，向着这个方向的任何努力都是不会错的。当日复一日的辛勤劳作换来朝思暮想的富足生活的时候，幸福是不是就像数数一样，99后面跟着100了呢？

非常吊诡。幸福并非直线型的，幸福有时表现得还有些无序。专家们的研究调查表明，当收入提高到温饱的时候，人的幸福感在奋斗时期的上升态势就停止了，富足以后，就算是收入依然大幅度提高，幸福感却不一定跟着上升很多，甚至，有些情况下还会下降。这与一些人常常说的“等到我有钱了，我就会幸福快乐”大相径庭，当你有多少多少钱了之后，如影随形地，又会出现多少多少富裕之后的不满足和不快乐。富裕的人的确是比不富裕的人拥有的多很多，但研究显示他们的快乐和幸福并没有多很多，而物质至上的人反倒是比一般人更容易出现心理问题。这可能是因为，高收入者在工作中的压力普遍加大而与朋友和家人的相处时间没有普通人多、没有更多地享受当下的缘故。这方面看看世界各地的投行经理们就可以得以证实。另一方面，当收入提高之后，挣得多就会花得多，人们获得的越多，想法也就越多，欲望也跟着打开了闸门，想要的也就越来越多。所以，如果以物质作为准绳的话，穷人提升到中产，中产提升到富翁，人们按说应该会幸福了，但是事实不是这样的，任何一个收入阶层都有幸福快乐的，也有大量自认为不幸福不快乐的。所以，物质主义和收入至上不是带来幸福的灵丹妙药，只是人们“心件”工程的外围保护。

## 幸福的缆绳：婚姻

家的汉字结构，是屋顶下面养着猪——引申意为，有一个遮风避雨的地方，还可以养猪吃肉。结婚也就是成家，有家的人，有人等待、有人依托、有人温暖，还有一份有滋有味的生活。根据社会学家们的研究统计说，在人群中，已婚者比单身者的幸福感更高。人是群居性的社会动物，一个人独处的时候会感觉孤单；单身人士的人际支援性差，由家庭带来的天然凝聚力和抱团取暖式的依赖和扶助，可以舒缓人们面对风风雨雨时的压力；而更频密、更亲密的人际关系，也会使人更放松、更快乐和感觉被关爱，因而也会更幸福一些。

在现代社会制度下，单身或者结婚都是人们自我选择的生活方式，二者之间的差距已经越来越小。传统的家庭方式经过一个多世纪以来的演进，大家庭变成核心家庭。紧接着在半个世纪以来居高不下的离婚率冲击下，单亲家庭不断增加。近20年来，大龄不婚族、不恋族的冒出，让人惊呼独居时代是否已经降临。社会的开明、进步和包容度的提高，使得人们可以自在地选择自己喜爱的生活和婚恋方式，这一切都归于现代人对现代社会的飞速变化带来的多样性的乐观接受——或者说，即便是不乐意看到一些还不能理解、不愿意支持的新奇事物，人们也会选择宽容地接受它们的存在。社会在前进，潮流在变化，而做出改变和回应最多的还是人类本身。毕竟，社会越来越文明了，人们也越来越包容了，尤其是对爱情、婚姻和性方面所抱持的态度。

过去，保守的婚姻价值观是男大当婚女大当嫁，认为家庭是人们的最后归宿。拥有一个家庭，夫唱妇随，男主外女主内，分工合作，互相爱慕，相敬如宾，和睦相处，繁衍子孙，白头到老，这被认为是婚姻和生活的全部。在这种价值观下，结婚的双方要保持忠诚信念，彼此守护，坦诚相待，互相尊重，恩爱百年。

所以，50 年前旧的婚姻制度下，离婚率非常低，人们把家庭看得很重很重，倾心于把家打造成一个避风的港湾，外面风大雨大，家中自有温暖。在这种价值观下的人们更多地享受着婚姻的稳定和快乐，更乐意相互付出和互相扶持，更乐意享受家庭的相互依赖和信任，并且也愿意为对方、为子女奉献出自己全部的赤诚和爱心。这种价值观给抱持这个家庭观念的几代人带来了极大的幸福感。

20 世纪 60 年代之后从美国蔓延的性解放和妇女独立运动，使男女平等的观念四处传播，各国妇女的独立意识大幅度提高了。随着妇女受教育程度的普及和妇女在职场的不俗表现，经济独立的女性开始追求更高层次的人生幸福。更多的妇女选择在职场上与男性一道开拓事业、丰富精彩人生而不是做专职的家庭主妇，把一生大部分时间奉献给家庭、丈夫和孩子。一些职业妇女也选择了单身或不育，与此同时，妇女在各个领域的精彩表现也使得职业妇女越来越多地比家庭主妇们吸引更多男性目光。职场恋、婚外恋和“一夜情”推波助澜“外面的世界”，出现了更多的不忠不贞和移情别恋，导致恪守多个世纪的婚姻体系发生动摇，离婚率开始步步攀升。到 21 世纪初的这 10 多年里，无论是最早流行性解放、持续高离婚率的欧美国家，还是以保守为特色的东方社会包括日本、中国内地及台湾、新加坡等等，无一幸免地，出现了对家庭忠诚信念、渴望、需求的大幅降低，社会道德水准备受挑战。选择晚婚和不婚、追求独立的单身男女越来越多，对家庭的期盼和依赖也降至新低。单身在人口比例中越来越壮大了，针对单身人士的社会服务也越来越丰富了，一些政府还修改了有关单身人士的福利政策。有人说，世界正进入第三次单身潮，也有人宣称，现在是独居时代。

事实上，结婚和单身都是人们自己的选择，是两种不同的生活方式，选择怎样地度过自己的一生实在是非常个人的考量，两者各有各的好，互相不能替代。选择婚姻，就是选择同舟共济，选择包容和体贴，选择互助和分享，让一个人的快乐变成两个人的快乐，让一个人的忧愁变成两个人的分担。两个人在一个锅里搅勺子，互相依偎、互相温暖，分担身心和财务压力，分享人生喜怒哀乐；选择单身，就是选择天马行空、自由自在，自己赚钱自己花，自己有事自己扛，没有更多的纷争和约束，无忧无虑无牵挂，做自己喜爱做的一切。如果说单身有哪个方面比不上有家庭的人士的话，那就是多数的单身人士在一切情况良好的时候，一个人可以过着随心所欲的品质生活，只是在压力、病痛等需要人关心照顾的时候，很多人会因缺乏外援而力不从心；另外在经济层面，单身人士即便只有自己一个人，也需要一套住房和其他生活必需品，不如家庭数人共用一份资源来得经济节省，相对于整个家庭的开销，单身人士需要支付更高的生活费用。所以，在关爱、支持和财务分担方面，单身人士略逊一筹，而拥有家庭的人士虽然多了一份嘈杂喧闹但也多了一份难得的亲密支持，有一份闹哄哄的、众人拾柴的甜蜜和满足感。婚姻，维系着人们的幸福。

## 幸福的基石：健康

有人说，健康的人比任何人都幸福。从某种程度上说，是这样的。健康是正常生活的前提，不健康是随时随地地伴生着一种痛苦。

即使是拥有美满的婚姻，拥有令人羡慕的工作和良好的收入，已经拥有其他足以让自己心满意足的条件，但是，如果失去了健康，一个人的幸福就会处于风雨飘摇中，幸福感也会被大大地打折扣和受到连累。健康是一个独立条件，它不同于影响幸福感与社会和他人有很大关联的其他条件，健康几乎是纯个人的。一个人的健康问题有可能是先天的遗传基因引起，也有可能是后天自我管理养护不善造成的，还有可能是遭遇天灾人祸。但是不管是怎样引发的健康问题，那些持续的、较为严重的、造成疼痛和痛苦的疾病，会大大消磨人的幸福感。

重大疾病，不仅消耗人的金钱，几万元、几十万元的天价医疗费让人“一病致贫”，它还给人带来巨大的肉体痛苦和精神创伤。癌症、心脏病、肝肾疾病，化疗、放疗和洗肾、开刀，都让病人承受难以言传的苦痛、压力和恼人的折磨。一些人因此而意志消沉、一蹶不振，即便是疾病得到控制，在生存期里病人的生命维持下来了，生活质量却大大地降低了。即使医疗费不成问题，医疗保健还得以继续，但天天生活在病痛中的人难得有好心情、好精力和自如、自在的生活，幸福感因而会受到很大影响。

一些慢性病也在时刻不停地折磨着患病的人。癫痫、眩晕、高血压、糖尿病、痛风甚至关节炎、风湿、类风湿等疾病，都可以在发病的时候让病人感到随时随地的苦痛和折磨，或者日深月久地承受器官肌体的损害。一些病症让患病的人下半辈子需要每天服药才能控制病情，还有一些疾病让患者感到少气无力、影响工作和睡眠，甚至失去劳动能力。很多失去健康的人，不仅仅只是病痛在身，还会失去很多人生的机会和乐趣，一些人还会因此生出心理的阴影和情感、人格的扭曲，更有极少数人会发展到变态地伤害无辜。

虽然健康是涉及人生理和心理的纯个人问题，但是它对人群和社会的影响却很大很大，它既可以一下子改变一个人的命运，也可能给一个政府带来无法支付的沉重的医疗负担，还可能危及某一区域的经济和社会安全。健康是与人的幸福十分密切地交缠在一起的重要大事件。正因为如此，人们才会打趣地说："你的事业、金钱、爱情、家庭……是一串零，你的健康是零前面的那个1——没有那个1，你的一切都是零！"

失去健康，虽然不能说就失去了一切，一些伤残人也做出了常人不能做出的贡献和佳绩，但对于大多数普通人来说，当一个人不能正常地活着，必须承受肉体或精神的痛苦的时候，幸福，也就慢慢地离这个人越来越远了。

## 幸福的调味料：教育与文化背景

幸福感还与人们受到的教育和成长的文化背景有一定关联，与人们所生活的社群和社会环境有很大关联。

这样说并不意味着受过教育的人就幸福于没有受过多少教育的人，绝对不是那么一回事。而是说，人对幸福的感受程度、感受方式和主动追寻幸福的意愿，某种程度上受他所成长的文化背景、接受的教育所影响，与特定的成长大环境有关。

教育是一种人类知识的传承和观念植入。在人所接受的各种各样的教育和学习中，人们形成和建立自己的认知体系，形成自己的思想观念。在人们接受的最原始最基础的思想观念中，有许多是一脉相承地沿袭着自己的父母、家庭、宗族或宗教信仰。在人成长成熟之后，会根据自己的学习和体验以及偏好和倾向逐渐地形成自己的价值观。这些认知对一个人的幸福感都有着显著的影响。

首先，人所接受的教育程度、门类和学科对人的认知有一定的作用和影响。举例来说，一个修读工科的大学生和一个既读工科又修读文史和音乐绘画的同一个班级的同伴，很显然地出现认知和感受方式上非常大的差别：他们的专业水准可能处于同一水准，但是在性格、爱好、处事态度等方面会有更大的区别和差异；也就是说，IQ 一样的人，一个琴棋书画皆通的人，感受和抒发的能力可能会更强一些，遇到事情，思维上触类旁通的可能性更高一些，自我排解和调节能力也会更强一些。事实证明，EQ 高的人由于自我调节能力较高，感受幸福的能力也更强一些。所以，未接受教育的人过去被称为“不开化”的人。教育，教给人的不仅是知识，还有智识，还有心灵的启蒙，或者叫作开化。被启蒙的心，增长的是那种对事对人的思辨能力和感悟力，而不仅仅是学习到了 1 + 1 = 2 这样的学术常识。

一个人成长的文化背景也很重要。美国国民中 70% 是外向型性格，美国文化中的牛仔精神、坚忍不拔、自我奋斗和创新精神也体现在其国民个人的精神世界里。主动的、大胆的、异想天开的追求和探险精神是他们的文化特点。相反，东方民族受儒家思想的影响比较多，儒家讲求“修身齐家治国平天下”“先天下之忧而忧，后天下之乐而乐”，讲究隐忍、悟道、礼仪，民众往往不那么率直，有什么事情不会跟更多的人交流，凡事比较隐忍。这样的文化熏陶，使民众倾向于含蓄和自我化解。性格分析证实，外向型性格的人直来直去，乐于求助，积极主动寻找解决方法，有利于他们将生活中的烦恼化解，轻装前进，重拾快乐；而内向型性格的人，更喜欢选择默默承受，自我消化那些不快和压力。不同文化背景下成长的人，如西班牙的热情奔放、巴西的豪迈、非洲人的能歌善舞，东方人的心灵手巧、秀外慧中，都使这些文化下的人能够用、善于用他们喜欢的形式去表达生活、享受生活，这些都有助于他们幸福感的提升。我们东方民族文化喜欢用细腻的琴棋书画表达内心，也喜欢在小说、诗歌、散文里抒发排遣缠绵和哀怨。从一个民族流传下来的音乐和诗歌中，最能感受到他们对于幸福和快乐的抒发和理解。所以，有针对性地对自己成长的文化背景有一个明晰的了解，有助于你扬长避短，对自己的幸福感进行有效的把握和提升。

# CHAPTER 3

## 幸福的方向

憧憬是 360° 的
向往只朝着一个方向
南辕北辙 意犹未尽
只因为
撬起地球 还缺少
一支对的
杠杆

渴望幸福，憧憬幸福，追寻幸福，就需要确立幸福的方向，向着幸福的方向努力，才可能获得幸福。那么，怎样确定幸福的方向呢？什么样的人比较容易得到幸福呢？以下四个法则，就像寻找幸福的罗盘，时不时地检视一下自己的心态行为，或许更容易抵达幸福的彼岸。

## 积极的心态是人生的原动力

幸福需要积极的心态。

积极主动、乐观豁达的人能够看开，热忱助人、关爱悲悯的人受人喜爱，坚韧不拔，自信顽强的人可以对付生活中遇到的任何事情。用积极心态面对生活的人心中抱持着恒久的信念和不灭的希望，面对顺境能够尽情享受美好，遇到逆境也不为挫折和其他人生中常遇到的大小不顺所折服。心态好的人以主动的姿态随时张开臂膀迎接生活中的风风雨雨、喜怒哀乐，用平常心迎接来到面前的必然，面对现实不推诿、不回避、不怨天尤人，那么，即便是人生中出现了一些问题，也不会阻挡其生活的动力。面对一颗热爱生活的心，幸福的降临也是一种必然。

心态好的人常常是不急不躁、从容淡定的，有耐心等待，有涵养接受，有心胸容纳，有度量化解。人生不如意之事十之八九，天下并没有谁能拥有百分百的完美；心态好，能欣赏大江大海之巨浪，也可承受萧萧秋风落叶舞翩跹。既然抱定一个主张，就坚定地选择脚踏实地，履行自己的信念，并不以路途之遥远而改变，亦不会因为艰难就轻而易举放弃；心态好是一种难得的定力，心态好的人不那么容易被外界因素影响，内心被扰乱而产生纠结情绪。如果稍稍遇到一点不如意就唉声叹气，碰到一些挫折先坏了心情、乱了主意，难免会因一件事拉扯连带而顾此失彼，最后让自己的生活乱成一锅粥——环顾四周，有多少人不是这样因小失大、环环相扣最后把自己弄成一副不可收拾的烂摊子？

积极的心态总是历练出来的。所谓历练，就是要经历多一些的事情，见多识广，有一点感性认识然后多做一些检点和思考。只有多经历事情、多体验一些过程，才能从中得到第一手的经验教训，没有教训人就不会反思。所以，任何经验和教训都不是白白得到的，成长的代价是很多很多的挫折不顺和烦恼失败换来的，没有这些金刚砂对钻石的切割打磨，就没有钻石璀璨的光辉。真正能够让人从平凡中脱颖而出的。除了行动中的磨砺，别无其他。人总是在痛中成长，没有教训谈不上真正刻骨铭心的经验。而生活这个大课题对任何人都不偏不倚，无论是王公贵族还是平民百姓，每个人都必须面对自己的生活，没有人能够替你成熟替你活。每个人所面对的生活难易程度不一，唯其如此，生活的熔炉才能够塑造出来形形色色的人，锻造他们不同的才干、勇气、品位，气质、风度、修养，就像是不同等级和成色的钻石一样。

被磨砺的精神常常会透射出带有哲学意味的光芒。智慧启迪——这大概是生命对被磨砺者不凡经历的一种自然回馈。睿智豁达、灵活变通，往往是在经历过无数次曲折迂回、冥顽不化的苦痛之后的一道曙光。生活常常赋予智者礼物，那却往往是百回千转修炼之后小小的犒赏。经历过生活洗礼的人们自有一种特别的气质和心意，带着幽谷百合般的馨香、坚强和卓尔不群，那是磨砺到一定程度的灵魂的穿透，一束直射心底的光，会让你从此顿悟，看得开、想得明，面对任何来到眼前的事务，尽去纷扰，拿得起、放得下，有一份独有的淡定。

心态好的一个重要指标是柔韧、灵活而宽宏。能够接受人所不能接受的，能够看到人所不能看到的，能够做到人常常因循常规而拒绝去做的。因而所有的劝诫首要的是让人们学习怎样放下固执和无谓的坚持，学习怎样放下许多无谓的精神负担，学习远离困扰人心的琐事，从而让自己处于一种更自在、更祥和、更逍遥的状态。积极地打开自己的心胸，开阔眼界和解除心结，不拘泥于凡尘琐事和利益得失，以闲适的心情迎接所有降临于自己面前的一切。这样调校之后的良好心态，非常有利于有效地拥抱幸福和提升自己的幸福感。所以我们说，好的心态——只有好的心态——是迎向幸福的那个正确方向的指向标。

## 开启内在的自己

希望是人心中的一盏明灯，人活着不能没有希望；而内动力则是人生的引擎，没有动力的人生是苍白无力的，也注定没有什么大的作为。人生需要内动力推助。

人类与动物最大的区别，是人类有想象力，人类怀有希望。在漫长的人生中，无论有多少艰难险阻，无论日子多么苦不可耐，人们之所以总是能够坚持下来，熬过最艰难的时刻，那是因为心中揣着一份点亮人生的希望。人心中的这束光，支撑着人的精神引导着人前行的方向，在遇到的所有问题面前，化作智慧和耐力，化成信心和源源不竭的力量。如果没有希望，人类就永远生活在暗夜中了；没有目标，也无所谓期盼，更无所谓为了心中的信念去坚持，也就没有了将渴望和期盼转化为一份可见的现实的有目的的努力。正因为有了希望，让无数的人有了继续前行的动力；如果早早就预知了注定的失败结局，或许人类就再也不会去努力、去改变、去按照心底的蓝图拼一个灿烂未来了。希望就是这样一个半懵懂半清晰的闪闪发光的幻象，它需要想象力的描绘和热忱的加温，还需要一份持久的坚定追寻。而这几种东西的混合，就是人类改变自身、改变世界的无坚不摧的内动力。

有时候，未知是一件好事：因为未知，才会心存希望，而希望正是一种令态势改变的最有力的催化剂。

具体来说，人的内动力可以细化为三部分：

其一是人的目标。人不同于动物就是因为人会思考，会决策以及制订出完成目标所需要的行动计划。任何一个人，都会制订大致的生活目标或行动计划，虽然有高下之分；通常好的行为目标和行动方案会非常细致和经得起实践的检验，这样才能够成为行动的蓝图和保障。具体到工作和生活里，这些目标会更加细微和具方向感，如某个时期的职业目标、财务目标和其他生活目标。目标是人生的方向盘，有了目标就有了努力方向，没有目标就像水上的浮萍，没有根基，随波逐流，没有长大的可能。有目标的人总是容易成功，那是因为他有一个比较长远的、按部就班的可以在不断的努力中持续集中力量完成的一个挂心的事物；没有目标，就不会有计划和明确的努力方向，东一榔头西一棒槌，日子过得浑浑噩噩、没轻没重。如果一个人过日子不知道是为什么，只剩下打发时间，那他注定没有什么大作为，也注定了此生没有大收获，过一天少两晌，不想不问眼前事身后物，那可能就跟动物差不多了。

有了目标，还要有一份期望。期望是人生中另一个神秘而极为有效的东西。人有了期望，就有了一份迫切的意愿并乐意为之付出等待。期望比希望更深了一层、更逼近了一步，比盼望更瞄准了靶心。期望在人的心中转来荡去不肯离去，转化为一股莫名的推动力，促起一个人的行动。期望好像是一种预订，确认了一宗什么物件，那个东西正一天天走近来，虽然不是立马可得但总有一天会来到跟前。世界上再没有什么比期望更能鼓励人坚持等待了。那值得你期望的事情，一定是一件对你来说非常有意义、有价值的事情，它值得你牵肠挂肚惦念，更值得你稳下心神渴望和等待，并且，这是一种看似很有希望很有把握的事哦……如此，你用尽心力在盼着的这件事情，是一件你认为应该发生、最好发生、必须发生的事情，你会用尽全部心力在内心深处呼唤它、拥抱它，好像它已经真的属于你一样。这样的一个期待过程，本身就是一件既内敛又张扬的（只有自己或极少人知道）事情，你已经把一份满满的心思寄放在未来的某一个时间点上，当它真的走到你面前时，也是你苦盼有果的时候，心中自有一份悠悠然的情感油然而生，唉！真不知道是它自己来的还是你把它召唤来的！

所有一切的期盼和渴望，最终都将被人努力实现，那些没有被努力实现的，就沦为空想。心中有一个渴望，有一个目标，有所期待，有一个待实现的梦想，这一切都会自动调集你迸发出力量去探索、去实践、去争取、去完成，最终达至目标的兑现。这个实现的过程靠的是人的努力，没有目标、没有期望、没有梦想，就不会有具体的、实实在在的努力，所有的力量需要有一个方向和焦点“聚焦”，需要有一个爆发点，需要有一个力的迸发和传递的管道，而这个管道的最后导向，就是成功地实现你的心愿。

所以，若你要得到幸福，就和做所有你需要、想要的事情一样。有一个目标，在一个清晰的意识下朝着这个目标努力吧！幸福，在有目的的追寻中指日可待。

## 布一张安全防护网

幸福人人憧憬，发自内心地想拥有，但是光是想要并不能如愿以偿，幸福不是毛毛雨，不会自己从天上飘下来。得到幸福，其实是有条件的：你需要有一个接纳幸福的安全网，有了安全的保障，幸福才能降落，你的幸福感才会牢靠。

人们心理上的安全感，是对自己所处的外部世界以及自己周围的人、事、物的舒服的确认。人，不会像动物那样，吃饱了喝足了就倒头大睡什么都不想，人比动物还多了一层忧患意识。这种特有的忧患意识，促使人思前想后，即便是身处安全地带，依然会就过去现在未来联想出许多已经存在的或者有可能出现的问题，“前怕狼，后怕虎”，掂量来掂量去，于无声处云卷云舒，内里还有一个生生不息的世界，时而欣喜，时而处于一种莫名的不安中。

这种发自心底深处的骚动，体现了高等级动物——人类在精神层面的深度发展和自我保护要求。对于人类来说，仅仅有物质上的满足是不够的，吃饱、喝足、穿暖，有得储备，有得消遣，还是不够；仅仅有眼下看到的，也是不够；还要有发自内心深处的一种舒适自在和心安理得，来预防那些不能看见的潜在的危险和可能性。总括起来说，这类复杂的心理活动就是安全感。

说起安全感，它丰富得千奇百怪。它包括许多个层面的含义，少了哪一个，或许人就没有安全感了，十分娇贵。通常地，安全感这种心理特征在生活中的具体表现，最主要体现在两个方面：一是衣食住行等物质上的安稳有靠，二是精神心理上感觉等的舒服自在。

在物质层面的安全感上，除了天灾人祸的危害之外，绝大多数的情形，在一个井然有序的社会环境里，人们的安全感主要来自于不受财物困扰的所谓财务安全。生活在现代社会，大部分人的生存模式都是以工作收入换取维生所得，以财务支付换取日常生活必需，所以财务问题就是现代人生存的命脉问题。在一个物质世界里，凡是需要的都可以用金钱来换取；凡是可以用金钱换取的都必须进行最终的结算和支付。如果生存在现代社会的人在财务支付上出了问题，不管是信誉方面还是支付能力方面如付不起账单，都将给自己带来麻烦——如果居无定所、三餐不继，得不到生活资料和生存方面的有力支持，那就从根本上威胁到了人在社会上的继续生存。所以，财务方面的安全感是现代社会主要的威胁。人如果要想过上舒服、幸福的生活，那首先需要的是支付能力，要排除各种可能把自己处于不能支付的条件，尤其是日常生活和作为基本保障的那部分。很难想象，吃不饱、穿不暖、无遮风避雨之所、生活无依无靠的人会有多幸福。在生存上衣食无虞、各方面有保障，这只是安定的第一步。

安全感还包含着精神方面的要求。基本的物质条件满足后，生活的社会大环境政治稳定，社会治安良好，经济稳固，没有大的动荡起伏，没有太混乱的道德风尚，人们的生活自然比较安定舒心。在精神层面上表现出积极的、愉悦的风貌，不担心社会动乱，不担心个人的人身安全，不担心意想不到的灾难和飞来横祸。有了安全感，才能进一步地体验幸福在生活及身心方方面面细腻美好的滋味。住在动乱国家的富人和生活在财务问题下的穷人，都难以有切实的幸福感。只有在物质层面和精神层面都具备了安全感，人们才可以找到安定温馨的感觉，才可以在生活的各个细微之处放心地、悉心地享受生活中方方面面的快乐，体会愉快生活所产生的幸福感。

安全感是稳固人们幸福的重要支点。没有安全感，那些在生活中闪现的美好，都不能长久、持续地滋养内心，只能是难忘的瞬间而构不成稳定的幸福。

## 平衡生活中最难的技巧

越来越多地，在现代安定富裕的社会环境里生活的人们的幸福，仰赖于是否建立了一种良好平衡的生活方式。根据现代医学统计的大病和常见病的起因分析，生活方式病成为目前发达社会常见病、多发病，并且，“富贵病”发病的年龄有年轻化的趋势，之所以在社会越来越发达的今天，人们的健康越来越多地出现问题，究其根底，很多疾病的发生都是由生活方式失衡而造成。

生活在现代纷繁多姿、流光溢彩的物质世界里，极大丰富和发达的商品与各种引人入胜的活动都让人倍感缺钱缺时间，如果二者都具备又不需要被工作绑定的话，现代人一辈子用来玩和尝试新事物怕都来不及呢。面对这么一个四面八方散发着种种诱惑的世界，人们多多少少都养下了一些爱好、嗜好、癖好来丰富自己的生活，跟周围的人互动。有些人的爱好是有益身心的，比如运动、人际交往、艺术欣赏等等，有些人的癖好除了带来快乐之外还会给人们带来负面的作用，比如黄、赌、毒等恶习。

除此之外，人们在日益舒服的自己的家里，还养成了许许多多的不良习惯，包括长时间看电视（普通人每天 2–5 小时）、长时间上网、沉迷电子游戏、嗜吃、过度节食或者厌食、缺乏运动等等。在我们的周围，有很多比正常人稍稍“特殊”一些的人，比如有些人是工作狂，有些人是“宅一族”，有些人是购物狂，还有一大批如雨后春笋一样冒出来的手机不离手的“低头族”。现代生活方式在带给我们极大的便利和快乐的同时，也带来了许许多多的问题。比如，高热量食品和营养过剩带来的肥胖问题，久坐不动带来的健康问题，网络、电子游戏沉迷者和“宅”男女的人际互动问题，办公室一族和“工作狂”的压力问题以及逛街刷卡族“月月光”的财务问题，等等。在艰难困苦的岁月里人们面临生存的问题，在衣食无虞、富裕安定、科技发达的今天，人们同样面临着摆在眼前的新问题。

在人们的生活里，任何人都有权选择自己喜爱的生活方式。而现代社会，生活在城市里的人无论哪个阶层都有很多压力——谁能够没有压力呢？如何在现代生活里既可以开心生活，又没有这样那样的问题出现，这是个重要的问题，也是个人如何选择度过自己一生的问题。

是时候仔细思考和审视究竟什么样的生活方式是适合自己的，是有益于自己身心健康、长寿而幸福的生活之道了。生活在当今高度发达的时代，是不是赚钱越多越好？要不要在办公室里拼命拼效益、争高低？怎样善用网络和自动化智能工具？还有，怎样在一个高度发达的社会里，做一个身心健康、与时俱进的快乐的人？这些平时不要去想的问题，实则关系到你生活的素质——在物化的、智能化、快节奏的今天，当外部的生存条件改变了以后，我们如何改变自己以适应社会发展？如果不去思考和因应时事，那就只能延续目前的高热量快餐化生活带来的“三高”和营养过剩问题，电脑和网络带来的人际交往减少、心理隔阂问题，以及由此派生出来的多种问题如压力、情感淡漠、肥胖和营养不良、孤独、绝望等等现代生活弊病。

通常来说，人的价值观决定了人的生活方式，认真地思考自己的价值观和选择的生活方式，你就会发现许多生活中不尽如人意又令自己烦恼的问题的根源。经过反思，剔除那些对自己无益的嗜好，培养健康有益的爱好，照顾好自己又有益于身边人；平衡生活，长远打算，让自己既快乐放松，又健康温馨。建立这样的一个良好的生活状态，才可以带给你长远宁静的幸福。

积极的心态，有选择的追求，给自己布下一个财务安全网保障衣食无虞和身心自如，同时选择良好平衡的健康生活方式，这样做，不一定人就非常幸福，但也不至于生活在明显的不足、缺陷和遗憾里。从某种程度上来说，幸福确实是对人要求蛮高的，幸福蛮“挑人”的。可以说，在生活的多个层面上，那些有明显不足和缺憾的人肯定不会太幸福，无论这些不足和缺憾是身体健康方面的，还是物质、精神方面的。如果我们可以逐步地排除那些带来不幸福的各种因素，那么，幸福的方向就明了了，幸福的大门就越来越清晰地呈现在我们眼前了。

# CHAPTER 4

## 偷走幸福的黑手

当衣食足而心沮丧
你的世界有些倾斜
一个阴暗潮湿的角落
只有苔藓和霉菌　蔓延

心中驻不下阳光
哪里来花香
在一个丢失的世界里
是谁打翻了
你心中的五味瓶

幸福感是个非常奇怪的东西：非常的个人化和具体化。即便是两个人拥有同等的条件，也未必可以获得相同的幸福的感觉。有些人拥有了人们羡慕的一切，却仍然感觉不到心中的甜蜜和幸福；有些人箪食壶浆、于陋巷着旧衣、居无定所，却在漏风不挡雨的棚子里引吭高歌。幸福常常不能从衣衫行履上看出来，而眼眸的深处时时会泄露灵魂的天机。有人说知足者常乐，如果内心没有满足不能感知快乐，连笑容都僵硬麻木了，那一定是有什么“菌斑”暗暗地生长在心中的什么地方，腐蚀并覆盖住了原本健康强劲的活力生机，释放出毒素，麻木冻结了一颗心。

为什么衣食足而面无笑容、心无幸福呢？是什么在咬噬着盛放在内心深处的幸福呢？

前已有述，幸福不仅仅在于物质还在于精神，幸福不仅仅是攒足了多少项令人羡慕的高职位头衔和拥有多少豪宅名车，更重要的是一个人是否具备丰富的内心感知能力和调节适应能力。假定大家都具备了稳定的小康生活，那么，在同类人群外部条件相等的情况下，是什么因素让一些人感觉得到幸福，而让另一些人感觉不到幸福呢？一个人的内在因素是怎样地影响着他的幸福感呢？

## 负面思维和负面情绪：谁遮挡了你的阳光

影响人幸福感的一个重要因素是人的情绪。

人的情绪像潮汐一样会发生波动，有波峰有波谷，上上下下起起伏伏。有的时候，澎湃激扬的豪情涌动可以成就重大的事情；有的时候，不加控制的歇斯底里又可以给别人和自己带来很大的麻烦和困扰。不管是怎样的情形，人的情绪波动都会影响幸福感，或加强或起反作用，有意识地引导自己的情绪并维持在正面的方向上，有助于提升和维系幸福感。

人的情绪是情感的一种细微表现和行动先

导，也是人不同于动物的在神经发达、心思缜密方面的一种进化。这种感知系统的复杂和细腻帮助推动了人类社会无与伦比的高度发达和精细拓展，在某些领域尤其是艺术、设计、创新和表演方面，情绪的激昂和爆发所产生的推动力使得艺术家、设计师和其他类别的创造者们可以登峰造极。在日常生活里，人们也是常常带有情绪的，对工作成就的热切渴望，对某一目标的强烈关注，对一事物的喜悦和牢骚不满等等，种种情绪常伴随着人们，并对人们产生着不同的作用、带来不同的影响。

分清情绪的正面影响和负面影响是控制情绪的第一要务。通常来说，那些正面的情绪如喜悦、兴奋、满足、自豪等都是让人感觉心情舒畅的。“人逢喜事精神爽”，正面的事物带来正面的情绪和能量，正面的情绪强化人的快乐和舒服感，这种情绪力量又会转化为推动事物发展的促动力，让人感觉平顺、快活和心满意足，欣悦满怀而倍感幸福；而另一方面，那些负面的情绪力量则会让人感觉躁动不安、烦恼沮丧，压抑、失望、愤怒、焦虑，负面情绪也常常导致人们情绪化的过激行为，很多情况下，不理智的冲动总是相伴着负面情绪的发生，正所谓“祸不单行”、“屋漏又逢连夜雨”；通常，负面情绪多是由负面思维带来的。

情绪的波峰波谷带给人心情上的高低起

伏，千变万化的情绪有些对人有益，有些对人有害，人需要了解自己的情绪并且要理清情绪的背后是什么，是什么引发的情绪波动？是什么在召唤？是情感的被压抑？还是目标没有实现、心愿无法满足？重要的是，在辨识幸福感的时候，要能够认清由于个人一些天生携带、无法避免的因素所造成的心潮起伏和反复性的低落消沉。比如，天生的相貌、先天的疾患、家庭出身、灾难和不幸等等，如果长期为这些不能改变的事实苦恼、消沉，不仅于事无补，还会因为这种负面情绪影响到其他的事物的发展。一时一事暂时的烦恼人人都会遇到，即便是受刺激时的情绪波动，过一段时间或者事情解决了，人的情绪也会随着平复下来；而因为负面情绪进而造成冲动性错误所带来的，可能是更加强烈的内疚和后悔。所以根据情况，把握和控制自己的情绪，避免负面情绪泛滥带来更严重的后果是非常必要的，放纵负面情绪就像滑滑梯，对自己来说只能每况愈下，在别人眼中，也会有“任性”“不成熟”的印象和错觉。

目前，人类已经把飞船驶向了外星球，但是作为个体的我们对自身的了解甚至不比对外星球多。我们需要了解自己，需要常常省察自己的言行举止以及时常观照自己的情绪和内心；还需要阅读一些心理学和医学方面的科普书籍和文章，或者借由生活顾问做一些辅导，对自己的性格、心理和情绪等有一个大致的认识，遇到难解的事情积极寻求帮助和沟通，学习处理和协调情绪方面的技巧，以便很好地因应自己所面对的情况、导引自己用好自己的情绪动力，最终很好地让自己和别人相处。应该说，不管是父母爱人还是医生，只有你最了解自己的内心深处并知道事情的症结。只有你克服了自己的心结，能够和自己和谐相处了，才有可能和世间形态各异的其他人相处下去。适当的自我情绪控制和疏导，可以自己救自己，既不让自己像掉入井底的牛，也使自己不至于成为“他人的地狱”。

在情绪与幸福的关联上，普通人多会遇到的是情绪化处事和钻牛角尖。情绪化是经常发生的，不成熟的年龄或者不成熟心理的人常常犯这样的冲动。年轻人因为处事经验不丰富、心理不成熟、忍耐力和包容性差，就常常血气方刚鲁莽行事，表现出典型的情绪化问题。当气头过后，一旦被劝醒悟，或者时过境迁，犯情绪的人会慢慢释然，或对自己的行为追悔莫及。成年人的情绪化往往来得更执拗，有时候长时间不能化解。情绪化的人有些是因为心理不成熟，有些是因为个性执拗，有些是因为急躁没耐心，也有一些是心胸狭窄、包容性差。无论是怎样情形造成的情绪化，都是不可取的，都需要提高自己的涵养，学习包容别人，增强同理心和提高自己的情商。因为在情绪笼罩下的人，听不进任何劝说，自行其是、不知悔改，执拗僵持并且没有回旋余地。像落难于井底的牛，于己于人都造成别扭与伤害，形成难以弥补的嫌隙。而更糟糕的是，情绪化的最终、最大受害方，一般是最亲近他的家人，还有他自己。

如果可以有效避免个人的情绪泛滥，从某种程度来说，是在捍卫自己的幸福。理智是人类思想成熟的一道曙光。当理智起作用的时候，可以免除许多麻烦和许多潜在的损失。比如，报纸上时有报道青少年打架动武的新闻，要么是一言不合而大打出手，要么是谁看了谁女朋友一眼而互相殴斗；还有更无厘头的是，一方说另一方的人朝他们“瞪眼”而引发伤残命案，实在是匪夷所思，无谓和不值。小小的不理智，引发大冲突和悲剧实在不应该。

负面心态导致不良情绪，不良情绪发泄于外，会引发人与人之间的冲突；不良情绪沉积于内，可以导致许多人类的疾病。相比之下，光天化日公开场所上演“全武行”的“蛮夫”并不在多数，而更多受过教育，有基本操守的人会把郁闷深埋心中，成为现代“林妹妹”——这更糟糕！

根据医学研究，76% 的人类疾病和人的情绪有关。如果一个人每天开心度日，他就很少患病——也就是说，如果你可以对你的情绪有所了解和控制的话，大部分的疾病是可以避免的。不仅如此，解除不良情绪对他人的负面影响，让自己保持乐观、快活，也是走向幸福的一个有效途径——有很多人不知道，正是他们自己动不动随意发作的脾气，把不良情绪像瘟疫一样地散发开来，既如雨水一样打湿了别人的兴致，也像霉菌一样污染了自己的心灵，在无形之中赶走了原本属于他们的祥和和幸福。所以，适当地控制一下自己的情绪，有一个正向人生态度和阳光心理，无疑是受他人欢迎自己也舒心的一件事。虽然说情绪是个人的很内在的东西，还是有必要自我呵护和引导，以最好的一面示于人、施予己的。所以你有必要为自己的情绪装一个“开关”，理智地认识、澄清和过滤自己的情绪。

## 不快乐的个性：你的血液是蓝色的吗

幸福是一种心理感觉。幸福既然是和个人的感觉密切相关，那么首先，幸福和一个人的个性有关。

在人的个性中，有些人天生开朗活泼，有些人天生多愁善感；有人属于多血质气质，有人属于胆汁质气质；有人爱动，有人爱静。不同的性格气质带给人不同的对同一事物的观感和认识，这些观感和认识反过来又对主体带来不同的影响。比如性格外向、活泼好动的人往往具备探索精神，爱冒险，自然承担能力也比较强；内向的人文静细腻，思维缜密，爱思考，善感怀，体会感受能力比较强。如果这些性格特征中的正面部分，恰到好处地运用到了正向的事务上，比如外向型性格的人发展自己的探索、冒险和亲善、开朗的性格特征，就能够很好地开拓新局面，很快地破冰以及建立和发展人际关系，把握新事物、享受多种快乐；内向型性格的人如果把爱思考、思维缜密用于钻研和研究事物、感知艺术，往往也比常人更加得心应手，见人之未见，发现新大陆、总结内在规律。外向型性格的人精力旺盛，兴趣广泛，有开拓意识但需要常换常新，耐久性不强；内向型性格的人细腻而柔韧，可以打持久战，心思绵密但有时过于狭窄和脆弱、优柔寡断。无论你具备何种性格，都有其长处和不足，“尺有所短，寸有所长”，重要的是发扬自己性格中占优势和正向的一面，扬长避短，让自己享受自己具备的优点所带来的快乐。

在性格与幸福感的关联方面，无疑，外向型性格的人更容易、更快捷、更多机会地感受快乐、感受幸福，因为他们尝试得多、易激动、易敞开心扉和大胆探索、大胆索求。内向型性格的人很多时候有些羞怯、文静，不太主动，虽然也易于感受但被动的性格特征有时常常形成破冰阻碍，在竞争中处于劣势，并且容易悲情伤怀，不爱坦述内心，在需要得到帮助的时候不喜欢借力。

因而，如果你想要自己幸福多一点，就要大胆地让自己处于一个开放的心态里，更多地去争取机会，大胆地去尝试探索；同时，也试着让自己更细心一些，多去感受那些美好的人情事物，更细腻地去体验那愉快的感觉，积极关注那些正面的东西，不要封闭自己，也不要过于伤感，不要放大自己的忧虑和担心——许多人的不快乐就是过于关注生活中的阴暗面，过于强调自己的忧患之处。当你学会用积极的心态看事物，用希望的、发展的眼光看世界，你会发现，乐观的心态与悲观的心态会带给人截然不同的看法和感觉。对于像幸福感这样的富于主观感受色彩的事来说，人和人之间存在的巨大感觉差异，来自于个人的关注重心以及内部感触的差异成分显然更多一些。“横看成岭侧成峰”，关注点不同，感觉不同，这就是为什么有些人具备幸福的所有条件而感觉不到多少幸福，而另一些人并没有具备那些优厚的条件却每天无忧无虑傻乐呵。

从某种程度来说，感受幸福是需要一些情

商的。每时每刻，是关注于快乐而让自己心存愉悦，还是聚焦于忧愁而使自己时时悲伤，其实这是一个人习惯性的一种选择。人们常说上帝是公平的，当上天关上一扇门的时候就会为你打开另一扇窗。总括来说，这个世界上没有谁是幸运到所有的好事占全，而另一个人倒霉到所有的坏事都包到完；之所以幸运与之所以不幸，所谓好运气和走霉运，究竟是冥冥之中真的有幸运之神的照拂，还是由每个人自己经年累月养成的习惯造成的呢？——这看起来没有标准答案。不过，通过对很多幸运而成功的人和对那些不幸而失败的人所做的比对研究可以明显观察出来，二者的思维方式和行为方式存在着截然不同的差别：幸运的人，关注点侧重于怎样把事情达至成功的条件上；而那些自以为不幸的人的关注点，偏重于阻碍、困难这些做不成功事情的细节上。久而久之，两种截然相反的思维方式下集合两类不同行为模式的人，一种是感觉不到困难的实干家，另一种是感觉不到希望的哀叹者。如果你了解了人的思维方式和行为方式，也与“种瓜得瓜，种豆得豆”有异曲同工之妙的话，那么，你会尝试扭转思维方向，选择快乐，得到快乐，不再沉溺于蓝色咏叹调。

生活中不是不存在幸福，而是缺少对幸福细腻体察和捕捉感受的素然之心。一颗心，在成长的过程中，已经习惯性地戴着自己的“有色眼镜”看世界，总是用自己的一套逻辑来解释各种生活常态，对于任何眼前的现状，都有自己的理由。常常地，幸福就被你自己一点一滴不知不觉地曲解了，当然也就无从发现得到、享受得到了。所以，针对自己的个性分析性格的优势劣势，进一步明了自己的性情，弄清楚自己的内心中意什么样的幸福并强化它，扬长避短，对提高个人幸福感有很大的帮助。

## 不自主的生活：你身上绑着看不见的绳索

幸福像小鸟，喜欢无拘无束、自由自在地飞。

有很多人在生活中可谓应有尽有，之所以感到不幸福，唯独缺了一份自在，是因为被现实中的人和事限制或约束？还是因为自己的性格有些懦弱？苦恼的是，不能按自己的心意做事情，不能随心所欲地活。

虽然老话说“为人不自在，自在不为人”，人生在世一定有这样那样的约束需要遵守，法律、道德、规矩、风俗等都会对人的行为、想法、情感、意志进行督正，没有人可以凌驾于社会法则之上——即便是皇帝也不能，真正的天马行空、自由自在、无拘无束、没有牵绊的生活是不存在的，凡是生活于社会群体中的人，就一定会有所约束，不能够样样随心所欲。

人不是一座孤岛，作为社会性动物，人是需要生活在社会群体中的。无论是家庭以外的工作、社交，还是家庭之内的亲情、关爱，在对他提供一种关联和支持的时候，无形中也形成了影响和羁绊。社会关系就像一张网，每个人都是上面的一个联系他人的结，那些不可避免的人际互动、工作关联、社会责任、娱乐消闲等等，都会对每一个人造成这样那样的牵扯和共振，并形成种种的影响和约束。这些需要承担的责任和义务，需要遵守的条规和戒律，在工作关系、家庭关系中表现得最充分。越是需要和别人发生互动，就越是容易受到别人的影响。而一个人，不是具备工作关系就是具备家庭关系，多数人二者都需要面对。这些来自于身边的人——上司、同事、朋友、家人，在有形无形中，就构成了纪律、条款、程式、习俗、道德、观念、责任、行为以及义务等等诸方面的需要默认或遵从的约束关系，从而带来一个人在服从和限制中内心的冲突和纠结。

遵从意味着不能随心所欲、为所欲为，意味着人们对自己的行为要进行适当的约束，而约束意味着在一定程度上放弃自由。不管这个过程是否是自愿的，一些事情都须按照规矩进行。正因为如此，才产生了人内心面对约束的不自在。人所共处的社会本身是由方方面面的约定俗成形成的一个一体化大组织，只有所有人都遵守共同规范，社会才可能保持有效运转，这是一个限制中的平衡。

当然，人的本性就是崇尚自由。“采菊东篱下，悠然见南山”，当田园牧歌式的理想遇到工业化的高强度发展，现代人不得不统一地屈从一些生下来就得遵守的条条框框，不管是上学、就业，还是申请房贷、举办婚礼，抑或是结婚成家，养子奉老。就像一个大家庭的社会成员，所有人都要遵循一定的规矩章法，这样才不会乱套。只要有了需要遵循的规章制度，不管是不是陈规陋习，都会让一些人感到不舒服，因为匡正人的法规是共同的，而人都认为自己的要求是特殊的。

除了这些硬性的约束之外，很多人身上还被看不见的绳索捆绑。也许是成长的过程中逐渐吸取的观念教条，也许是性格中天生的柔弱和缺乏独立意识，也有可能是一种超常的善解人意和任人摆布。这些人既由于他人也因为自身的原因，在生活中扮演着“套中人”的角色，凡事不能按自己的意志行事，或者不由自主地被人指使，像牵线木偶一样，用自己的动作演绎着别人的旋律，张着嘴巴喊着别人的心声。这种不能自主的生活，让很多人在衣食无忧的情况下，依然活得非常不开心。

所以，人生有时候是有悖逻辑的，衣食无虞无须为生存担忧的人，未必是个开心人。如果他感觉自己无法把握自己的命运、凡事不由心，锦衣玉食也难掩生活的苦闷，香车豪宅也不过是一种高级的囚牢。这就是为什么最穷的难民要离开一个国家，而最富的富豪也要离开一个国家，他们的共同所求就是自由、自主、自在。而生活在同一屋檐下的家庭成员，有的时候与这些需要逃离一个国家和地区的难民一样，远远地离开，就只是为了一份不受干预的、自由自在的个人生活，这真是有异曲同工之妙。

观念习俗、道德责任、约定条规等等是一种“硬约束”，而性格、信仰、情感等等是一种“软约束”。人生的成长有时既是清晰的又是模糊的，所谓不破不立，如果只是固守，也就没有了新的诞生。约束和自由也是这样的一对矛盾，也是相辅相成、相伴相生的。在不自在中向往自在，自在过头了又会生出新的不自在。但是无论如何，人还是渴望无拘无束、自由自在的生活的。生活在现代社会快节奏、高压力下的人们，身上的条条框框越多，就越向往轻松自在的惬意生活，如何学习在遵从社会法则下的身心放松，学会“戴着镣铐跳舞”，还是要提高自己的情商，学习聆听自己的心声，学会关爱他人也不忽略自己，尤其是学会和自己最亲密的家人、爱人之间的沟通和互动，不要用爱的名义，给家人和自己套枷锁。

“生命诚可贵，爱情价更高；若为自由故，二者皆可抛。”这个产自人内心深处、堪比生命珍贵的东西被人视为是超越一切的无价之宝。

某种程度上，不能按照自己的意志、过自己向往的自主自由的生活带给人的烦恼更多。因此，无论是身体上的不自由还是言论上的不自由，抑或是财务上的不自主和心愿上的无法达成，都会给人的幸福感打折扣。

## 陷入困顿：你被“卡”在其中

一种困窘，叫动弹不得。

财务窘迫，没钱难办事，生活寸步难行，生存受到威胁，那是生命中的一种艰难。如果日子过到这个份儿上，幸福安在？

食不果腹、衣不蔽体、流离失所，可能是这个世界上能够想象的最艰辛的生活了吧？如果在战乱时期或者奴隶时代，这样的事情是存在的；时至今日，用这样的词语描述生活，当今吃快餐长大的孩子们是无法想象的。没有人把这种饥寒交迫，在生命线上挣扎的滋味和幸福连接。事实上，现在的人们眼中不幸福的生活，通常是指那些付不起水电账单、没有生活必需品和因为疾病或者意外因素而陷入困境的人们的生活，人们把不幸过这种日子的人称为可怜的人，他们的命运值得大众怜悯，他们也是大家善心施舍和帮扶的对象。

一个人的生活陷于困顿，可能有多方面的原因。无论是战火、动乱和灾害造成的流离失所，还是因经济危机带来的衣食无着，抑或是因病致贫造成的穷困潦倒，和因伤残智障问题而不能自理……总之，凡是陷于困顿的人，最终因各种因素导致其本人不能照顾和打理自己的生活，处于一种难以为继的生存状态下——基本上，这种状态的最终落脚点又会回到个人财务问题上。

陷于困顿的人，除了那些因情志问题造成的严重失常不能聊以为生外，更多是由于生活中的各种原因而面对不能正常运作的财务困难。他们中的一些人可能是因为个人能力问题，导致长期低收入而造成财务困难，也可能是因为健康与病痛的拖累不能赚取收入，还可能是因为时事大局的调整而被结构性裁员而失去工作机会，更有一些人因为各种原因而破产；这些人因生活被“卡住”而无计可施，必须靠政府、慈善人士及家人朋友的援助接济方可度日维生。

在过去，社会发展节奏慢的年代，人们只

要有吃有住就能凑合着度日；现在，一切都变了，人们失去了土地，高密度地生活在拥挤无比、生活资源集中供给的城市，绝大多数人依靠每日的劳动所得换取三餐、水电、交通通信及其他生活所需，靠工资薪酬的部分储蓄和贷款购买房屋，提前将自己生命里的20年、30年抵押给银行。如果突然遭遇重大疾病、失业裁员或其他个人不幸而失去经济来源，那意味着不能按时缴交账单的人，其煤气管道、水电开关会在预付卡值用尽后自动切断供应。当生机命脉悬空的时候，幸福安在？

当然还有社会福利机构，不过，很显然那离幸福太远又有点不牢靠。现代人的生计、命运这样的“大事件”最好还要由自己把握，但是它又是这么无奈地被掌握在公司、老板手里，还要看国家、全球的经济走势和个人的运气。随着合约工的普遍替代永久合同，职场上“铁饭碗”被打破了，失业、换工都变得常见了，这样的情形又怎样不让城市里的生存者担忧？因为，时代已经造就了这两三代人的生产和消费模式，生活在哪一个国家和地方的城市工薪一族，不是先期消费着、预支明日钱的、高度依赖贷款的“背债佬”呢？从年轻到年老都背着银行债务度日过活的“负翁”，又有多少心思和能力享受幸福呢？

据统计，美国的80%以上的人口是负债度

日的，有储蓄的人仅占十分之一。其他各国的情况大同小异，程度不同而已，即便是亚洲一些国家高达60%的储蓄率，也依然有三分之一的人处于财务劣势。这意味着，现代社会制度下的城市工薪一族更多地、更容易地限于负债和生活困顿。因为无论失业与否，长期的房贷和日常费用还是要继续支付。一旦负债，又有经济不景气或者长时间失业、个人健康问题发生，人们的生活可能就会陷于困顿、遭遇“没顶”，可能就有那么一个时期会风雨飘摇地远离幸福了。

## 病痛：时时刻刻的身心无奈

病痛对于人的幸福感的损害，大得超过人的想象。

虽然健康问题已经日益为人们所重视，但是，越来越多涌现出的病症和越来越高的重大恶性疾病如癌症的发病率以及疾病的年轻化，让人们惶惑、恐惧、防不胜防。

拜时代和科技的进步所赐，人类的平均寿命从“二战”前的不足半百跃升至目前的近80岁，这是我们大家的福分，也是人类生命中最值得庆幸的奇迹——大概只有人类，可以如此充分地发挥自己的想象力、行动力和实践能力，把自己的寿命推向新高吧——医学报道不是屡屡推测，人类其实是可以活到120岁的吗？保险公司现在基本上都有把受保年龄条款调到了110岁了（笑）。

长寿肯定是令人向往的一个幸福指标。真的希望我们可以健康长寿地活着——因为那才是我们真正祈求和羡慕的幸福。如果长寿而不健康——天哪！你愿意想象吗？你愿意接受不健康的长命百岁吗？

这正是美妙人生中一个不太美妙的话题。不幸的是，我们中的每个人——除去那些天生有生理疾患一直带着病痛生活的不幸者外——即便是正常的我们，在度过了美妙的青年时代和多彩的中年时代之后，呃——总有一天，或早或晚，我们走到了疾病的跟前，或它自动来找你！对，就是那个讨厌的“带病期”！一般地，从50岁开始的精力下降、机能老化引发的肩酸腿疼开始，到65岁的时候，几乎达到三分之二比例的人群都相继拥有了1至3个或更多的“病痛之友”——常见病做终生陪伴。可以这么说，在人生的幸福过程中，病痛是我们人生之路上必然遭遇的天敌杀手。

也许是现代社会制度下快捷的工作和生活节奏带来的沉重压力，也许是现代医疗技术的高度发达，也许是我们人类越来越珍重自己……总之，压力下的我们感觉到了越来越多的不适和病痛，高科技的医疗器具也捕捉到了越来越多的身体里的阴影和血管里的阻塞，珍爱生命的我们虽然也越来越多地学习到了更新的、更致命的疾病的预防和治疗方法，但是，这个过程本身就充满了我们不愿意接受的痛苦——我们逐步了解了，正逐步体验着，还不得已地承受着深入到现代生活方方面面的压力——角角落落的添加剂危害和无处不在的环境污染，以及日渐加重的随着年龄老化所带来的疼痛和沮丧。在认识了以往所不知道的更多疾病，花更多医疗费，吃更多升级换代的毒性更大的药物之后，我们痛定思痛，一边怀念着过去那个悠悠然的时代，怀念那个不知癌症为何物的“鸡犬之声相闻，老死不相往来”“日出而作，日落而息”的桃花源式的生活，一边打起精神，与吞噬我们后半生幸福的病痛作战，以期能够活得更好一些、更幸福一些。

毫无疑问，健康与病痛问题是我们生活中的大敌，它不仅可以扳倒我们的幸福而且还能不断损毁我们的健康以至最终致命。究竟是什么导致了而今的人们，承受着比一个世纪前或者 50 多年前更令人触目惊心的重大疾病高发率，媒体天天都在众说纷纭。过去，暴病而死的致命因素都是一些恶性传染性急病和无法医治的疾病，如霍乱、天花等，现在导致社会精英英年早逝的、在 35-60 岁之间暴毙的主要病因是癌症。过去，妇女的绝经期通常在49–53岁之间发生，现在，大城市里的OL有许多在未及40岁就已经出现更年期症状。过去，人们的精神发生问题，往往是家族性遗传疾病如精神分裂症等，现在十分之一到十分之三的正常人在一生中会出现至少一次的抑郁症。在多数发达和发展中国家同时出现了医疗资源缺乏、医护人员紧张和病床严重不足的情况。在人口严重拥挤的中国，医患矛盾白热化，不断发生攻击医疗人员的“医闹”事件；在医疗照顾周全的美国，电视新闻播放的诊所录像显示，在医疗所苦苦等候一天的病人因得不到医治而倒毙在等候大厅里。健康和医疗保健问题，越来越成为现代城市居民和各国政府的一个大问题，健康意识和由此联动的与幸福相关的课题，也越来越值得人们关注和研究。

如果一个人必须生活在病痛的折磨里和内心的不安中，那会是一种什么样的感觉？

医生们说，几乎进入老年阶段的大部分人或多或少地在这个阶段开始有几种常见的或严重的疾病发生。对于大多数人随着自然老化难免发生的比较轻微的小毛病如老花眼、腰背酸痛、睡眠减少、记忆力减退这类老化症状，通常会带给人可以忍受的沮丧感和轻微的不适；如果患上了高血压、心脏病、糖尿病这类慢性且终生携带不能够治愈的疾病，疾病的经常重犯、产生的肉体疼痛和精神苦闷就会影响到生活质量了；患有慢性病的人要随时留心照顾好自己，稍不留心就要看医生、进医院，花钱费工夫不说，也严重影响心情。而重症一族，那些需要洗肾、化疗、电疗、开刀的患者，不但其身体包括精神都会受到严重创伤，承受非同一般的压力和苦痛。

所以，过来人嘴边常说的一句话就是："平平淡淡就是福！"一个人，每天能吃得好、睡得香、精神愉快，这无所求之求，就成为当今最普通、也最令人向往的实实在在的幸福。连这样的最起码的人生幸福，我们中的许多人都已经享受不到了。过去那些在生命中俯拾即是的遍地快乐，我们每一个人都曾经在生命里得到过的，随着岁月的流逝，它们正与我们渐行渐远。平实无华的幸福越来越珍贵，上苍曾经赋予的生命的馈赠，也随着失去了的健康而衰亡，让苦痛和无奈逐渐掏空和侵占着我们的幸福。疾病引起的吃不下、睡不着、心情不愉快和摆脱不了的疼痛，让生活慢慢地变成一个无底的黑洞，在生与死之间悲怆地漂泊。

大家现在都知道了，糖尿病、痛风病人和其他一些忌口的疾病患者在余生中都要和"吃""斤斤计较"；肾脏病人的洗肾和癌症的化疗都让人产生巨大的痛苦；抑郁症病人对生活提不起兴趣、痛不欲生，重症患者会结束自己的生命。当生命遇到了自己难以应对的苦痛的时候，不能吃、不能睡、不能像正常人一样地过普通生活的时候，不要说幸福感飘向天外，有多少人产生的是生不如死的感觉啊；安乐死作为立法出现在比较发达的社会里，就是要解除生已无望又活在折磨中的人的痛苦，让他们的最后一程走得轻松一些。

如果一个人天天考虑的是怎样才能活下去，每天为活着而奋战的时候，说明生命已经受到威胁和严重损害，与其到那个时候还期望幸福，不如在尚且健康的时候好好生活，享受日常随处可得的快乐和“小确幸”，把每天过得稍微幸福那么一点点。在这个基础上，以中庸之道统领自己的生活，不要在尽情享受生活的时候反被过于放纵的生活方式所害，到头来积累过多的压力、毒素和病害在身体里，健康问题总有一天要爆发的，过去再多的幸福也将被恶劣的心情和苦痛冲击得荡然无存。而更多的事例证明，恪守良好的生活方式，适当运动、注重养生，人们可以活得更幸福、活得更快乐、活得更长久，做出的有价值的贡献也更大更多。

在 2014 年刚刚去世的香港影业大亨邵逸夫高寿 107 岁，他的养生之道对人们有很大的启迪。他的长寿秘诀有三：“勤奋工作，笑口常开，每天练功。”他的名言：“宽容和做善事是一把健康钥匙，是生活的良药。”一个健康长寿的、对社会积极贡献的、给人们带来许多启迪和欢笑的人，毫无疑问应该是一个幸福的人吧？

活到103岁的杨绛先生是另一个杰出的代表。中国著名翻译家、钱锺书夫人杨绛在92岁之后重新提笔依然著述甚丰，除了晚年自己创作，还帮已故的钱锺书先生整理出版了17卷手卷。百岁杨绛在接受采访的时候说：“我无名无位活到老，活得很自在。”102岁的时候还“身体好，精神好，不断写东西”直至人生的最后。如果一个人可以高寿，此生没有跌入老年痴呆的深渊，并且，可以比年轻人、中年人做出更伟大的对社会的贡献，那该是一件多么多么令人羡慕和激动人心的事情啊，那该是多么多么美好的生命奇迹啊。

在刚刚过去的2014年12月圣诞节前夕，85岁的台湾著名摄影师柯锡杰先生正在台北101的特别展室中筹备他本年度的第三个个人影展。如果一个人可以在老年的时候，经过近一个世纪的芳华洗礼还保留一份永不褪色的纯真和童稚般的灿烂初心，那么，这种生命所赋予的璀璨光芒，是多么多么美好的人生礼物啊。

所以，健康，是人生幸福的最大礼包。健康是人生快乐的基础，健康是长寿的保障，同样，健康也是人类突破自己年龄所限、超越一般地贡献才智和心力的基础条件。一个人再聪明再能干，没有了健康，很多想做的事情也做不来了，活着尚且不容易，要做出杰出贡献其难度比普通人大得多。美国投资家、股神巴菲特和他的搭档查理·芒格掌管伯克希尔·哈撒韦投资公司50年了，他俩一个85岁，一个91岁，依然精神矍铄、谈笑风生、引领世界投资潮；亚洲首富李嘉诚87岁了，他感恩自己“身体健康”“食得好”，希望可以一直做下去，没有退休计划并且永不言退。健康，不仅让人幸福长寿，也是缔造非凡成就的重要保障。那些在人类社会各行各业做出非凡贡献的人，恰恰都拥有良好的、至少是说得过去的基本健康。

健康在你拥有的时候可能感觉不到，在失去的时候才知道麻烦大得不得了。所以，请珍视你的健康，不要让随时随地的不舒服和大大小小的病痛与你纠缠一生。不要让健康成为你人生当中的怪兽，以它的青面獠牙时不时地撕咬着你生活中的幸福。



## 挫折：啃噬信心淹没幸福的艰难时刻

百年人生，伴随人们的，既有顺境时候的欢乐圆满，也有逆境时候的痛苦悲伤。“人生不如意十之八九”，世上没有一个人是圆满到从未遇到过挫折的。当风和日丽的时候，日子就算是过得平平淡淡，幸福感没那么强，这样的人生也算和美；而一旦遭遇挫折，那种打翻了五味瓶的感觉，会在一个时间段里，迅速地将平时的感觉打压下去。重大的挫折或者多次遭遇挫折，会大大地侵蚀人的幸福感。

月有阴晴圆缺，人有悲欢离合。长达几十年的动态发展的人生中，挫折肯定不是人们自愿选择的。但是，无论你怎样祈祷上苍的护佑，挫折就像台风和暴雨一样，该来的还是要来的。在人漫长的一生中，没有经历过挫折的人——除非他不入社会、不做任何事情——几乎不存在。这就像从小到大的成长过程一样，要成长，就要伴随着成长的痛——会跌跟头、会磕磕碰碰。一些旧的东西被打破，一些新的东西要产生，突破和改变永远都是一种角力和斗争、永远都会伴随着摩擦甚至苦痛。没有这个调适期以及人与新事物的磨合，那么人也不可能迈入一个新境界里；而所谓磨合，就是那种在不适应中逐步适应的必须包容和接受的过程。

从小到大，人们其实都是在大大小小的挫折中调适和成长的，因而，每个人的长短人生应该都曾经经历过许许多多大小挫折。对于幸运者来说，经历的挫折刚刚好可以转变成人生的经验，成为某个成长阶段的一种提示和警醒，可以促其反思与修正造成挫折的原因，成功地转化了其原有的负能量，成为一种反向的推力和助动。那么，这种挫折将最终造益于人生，人们也在经历中获得经验而成长。

另一种情况则不然，也许是造成很多人不幸的挫折，直接地伤到了人的最深处，或造成身体的残障，或形成性格的孤僻，或影响心理的健全……到后来，遭遇挫折的恐惧和伤痛久久不能释怀，变成黑暗的影子，时时继续发作咬噬并未痊愈的身心，就造就了我们常常见到的那种一蹶不振、一生被挫折笼罩或压垮的人。挫折不仅仅是一次性地重重袭击了他，而且在日后还久久不断地继续派生新的伤痛和抱怨，继续消磨他的勇气锐气，直到他对命运无力反抗、振作，完全自暴自弃、听天由命。

一些人在经历重大挫折之后，甚至连人生观都被大幅改写了。一些人就此生活在阴影中，再也没有拥抱生活的勇气。应该说，所有遭遇挫折的人都在体验着暂时的或长远的苦痛，这种苦痛有时可以长达几年、几十年。遭遇挫折确实带给人以当头一棒，它让人长时间生活在被吞噬的阴影下，没有信心、没有勇气，无法自拔也不能改变，有一种被击垮后的被动和无助。对于这些人来说，挫折摧毁了他们的幸福，幸福变成天上的月亮，冷冷地散发着清光，可望而不可即。

程度不同的挫折感都很能消磨人的幸福感，它让人的内心十分苦涩无助。战胜挫折感的唯一方式是勇敢面对、重振信心。需要明白的是，已经发生的令人遗憾的事情，既然发生过了，像打翻的牛奶一样覆水难收，苦闷和损失已形成，那么，唯一明智而有效的办法，就是走出挫折、从头再来。除此之外，任何苦闷、忧伤、哀怨、悲愤等等都不会扭转时局，反而更加对事物的后续形成连续的不良影响。不再抑郁、不再懊悔、不再叹气、不再哀怨，心理上的重建对重新站起和培植更好的未来非常重要。只有不为打翻的牛奶烦恼，走出阴影尽快恢复，才能尽快迈出自己的下一步，才能更快地走向新的幸福。

所以，心理的坚韧和快速恢复是非常重要的。人生百年，不能选择的事情很多很多，不如意的事情真的发生了，唯一有效的因应策略就是面对和改变。要给自己一个走出来的机会，要拉自己一把，尽快回到幸福的轨道上。我们需要牢记的是，任何人的幸福都不是一时一刻，而是一个长久的终生目标。放长远的目光重构自我、重整幸福，比任何悲伤哀叹抱怨骂娘都更重要也更有效。

迈过去，转角处，春暖花自开。

# PART Ⅱ
## 幸福的法则

# CHAPTER 5

## 采撷和营造：快乐是一种心境

如果蜜蜂酿蜜
需要亲吻鲜花
如果鲜花开放
需要承受雨露阳光
如果你
想要一种快乐
那
它会自己从天上掉下来吗

很多人说，幸福近在咫尺，幸福就在身边环绕；还有很多人说，幸福在哪里？我苦苦追寻为什么就是得不到！

幸福是一种很有灵性的东西，看不见，摸不着，会和人捉迷藏。如果你带着一颗虔诚的心去明察暗访，仔细地揣摩、体会、辨析，你会发现，幸福像蝴蝶的翅膀，曾几何时，常常造访；你会发现，当你愿意和幸福做伴儿的时候，它也会天天不请自来，时时刻刻与你相伴。

毫无疑问，幸福和快乐这种人生无价宝，人人都想得到它。只是，和追求其他可见的物质目标不同的是，幸福和快乐这种看不见摸不着只能体会的心理感觉，无法设置具体的实现标准，更无法制定大众统一的取舍目标。由于众口难调，再加上每个人的要求和感觉千差万别，得到幸福和快乐的方法途径也就大相径庭了。但是不管怎样，要想得到幸福和快乐，你首先需要一双辨识它的慧眼——

## 快乐需要去寻找

童年的时候，每一个孩子都很快乐，连生来残疾的孩子也很快乐；一片树叶、一团泥巴都可以让孩子们玩半天，一个鬼脸、一句叫喊都可以逗得孩子们咯咯大笑。但是同样的事情，成年人就再提不起兴趣了。相比于孩童，成年人的笑少了很多很多。很明显地，成年人随着年龄的增加，稳重了，不再喜形于色了，肩上的担子重了，事务多了，责任感强了，压力大了，快乐也就跟着减少了——就跟歌里唱的一模一样：

小小少年很少烦恼
眼望四周阳光照

小小少年很少烦恼
但愿永远这样好

一年一年时间飞跑
小小少年在长高
随着年岁由小变大
他的烦恼增加了

当我们渐渐长大成熟的时候，我们的快乐也在一点一点地流失。——快乐到哪里去了呢？

随着年龄的不断增长，人们需要承担的工作和责任也日渐繁多。高速运转的社会让在职的人每天忙于做不完的工作，让在家里的人同样也要忙于做不完的家务。是责任在肩上，快乐被越来越多的事务性工作所带来的压力和疲累挤出了心房吗？据盖洛普2014年的调查，美国人平均每周工作47小时，而亚洲的几个以讲效率著称的国家和地区如日本、中国香港地区、新加坡等地的工作和加班时间，更是一直以来都名列世界前茅。这还不够，世界各国各地都有一批视工作如命的“工作狂”，他们每天工作时间在12—18个小时。高强度、长时间的加班加点，业绩上去了，难关攻克了，甚或个人的收入也有了提高，但快乐心情指数却跌到深谷，甚至也带来了其他潜在的不利健康的因素。虽然说工作可以成为人的精神依托，可是过长的工作时间会挤占人们的生活休闲时间，如果是自愿的兴趣还好一些，如果是被迫的赶进度、拼业绩，时间长了，机器人也吃不消，又何来快乐。

快乐也被越来越多的压力覆盖上阴影。从20世纪中叶开始，世界多国的经济逐渐开始走下坡，经济危机和金融危机、社会动乱和自然灾害越来越频繁。人们既要担心就业和经济保障，又要加快适应各种政治思潮和思想观念。同时，各种天灾人祸频频发生，恐怖袭击、地震、海啸、核泄漏、飞机失事和游轮翻覆事件等等，使得人心惶惶、心有余悸；在世界多个国家，人们赖以生存的经济形势不容乐观，日本、美国已经连续十多年经济不景气；欧洲大部分国家遭遇欧元沦落，西班牙、希腊、冰岛等政府摇摇欲坠，几欲宣告破产，社会动荡加剧；就连世界经济的火车头——中国的经济在经历了20年的高速增长之后，现在也开始减速回落。同时，通货膨胀达到有史以来的新高，房产价格在我国香港、新加坡、澳洲和伦敦不断被刷新，居民的医疗费用也大幅度上涨，环境污染越来越严重，生活资源的竞争也越来越白热化。在现代社会多重压力的状态下生活，人们的担忧越来越多，快乐越来越不容易获得。

无论人们生活在怎样的社会情形下，无论多么艰难困苦，日子还是要过的——快乐虽然不能奢望，但在任何时候都是生活的必需品，只不过在经济平稳、社会稳定的情况下，日子过得舒坦快乐一些；在社会动乱、灾害频仍的时候，忧虑会多过快乐。如果没有了快乐，生活的意义就大大减低了。尽管生活的压力时常存在，人们面临的问题越来越多，但是快乐依然是人生中最有效的调味品，是不能缺少的。

那么快乐在哪里呢，怎样获得快乐呢？快乐不是毛毛雨，不会自己从天上飘下来。它需要我们有一双发现的眼睛和一颗善于感悟的心，它需要我们自己去寻找。在我们周围，每个人迈着匆匆的脚步、脸上带着倦容，每个人怀揣着自己的问题和心头的压力，脸上时常露出微笑的除了孩子们外就不多见了。快乐好像离成年人越来越远。这愈加说明，我们需要调节自己在现代快节奏和压力下的生活，需要更多的放松；需要更有意地去寻求能够让心灵释然的轻松愉快；需要更细心地在生活的角角落落找寻那失落的趣味；需要更主动地拥抱生活、聆听心曲、体会快乐入心的感觉。——如果不去寻找和发现，就只能继续日复一日的单调乏味，就只能生活在机械和枯燥中。快乐会像蝴蝶一样自己飞来吗？不会。当你自己想要快乐的时候，你要放下手中的工作、心中的烦恼，走出去，坐下来，于静于动中发掘令你内心悸动的那种愉悦感觉。

是的，快乐需要我们自己去寻找、去发现、去捡拾、去创造。过去人们口头常说“找乐子”，说明想享受快乐需要有些主动精神，最起码是精神上的向往和关注。而漠漠然的人，即便是眼前敲锣打鼓唱大戏，可能也欢乐不起来。尽管我们生活在现今高强、高压之下，但是，比起过去，人类仍然是生活在历史上最好的时代。无论是物质层面的拥有，还是精神层面的享受，现代生活赋予我们的都是前所未有的发达和繁荣，以及超越过去任何一个时代的精致细腻；虽然高速运转的现代社会无可避免带来压力，但是我们中的大多数仍然能够过上比过去好得多的高品质生活。我们需要的是，针对自己的工作和生活现状，调适自己的心情和抗压指数，调整自己的工作目标和工作强度，从而和自己的身体状况和心理承受能力相匹配；同时，也需要多一些精神放松，需要多一些非物质的追求和关注。乐观飘逸的心你可以自己培养，兴趣、爱好也需要自己去养成；你需要自己有针对性地采取行动，捡拾那些丢失了的快乐——你可以暂时放下手头工作，看看森林远山，也可以背起背包走进湖光山色中；你可以听一听音乐、看一看幽默小品，也可以逗猫逗狗哄哄小孩；你可以种菜摆弄园艺，也可以“偷菜”上网冲浪。每个人其实都会“快乐18法”，关键是看你自己要不要“找乐”。不快乐的人通常是因为自己躲在自己的“壳”里重复性地咀嚼过去那些痛苦，自愿在痛苦中轮回而不愿从漩涡中走出来。如果你真的要做一个快乐的人，你就会朝着快乐的方向去努力；当你真正行动起来的时候，快乐，就被你一点一点捡回来了。你不信吗？试试看，快乐永远是属于那个正在专心做某件事情、享受某件事情的人。

快乐不是毛毛雨，你要快乐需努力。

## 学会培养快乐

人生是所大学校。从小咿咿呀呀学说话，长大一点了上学校学知识，等毕业后回到生活的大课堂，发现有很多东西仍然似是而非；生活中的知识需要我们终生跟进，不断地更新才能跟上时代的步伐，不仅仅是历史地理科学技术，也不仅是管理和财务，还要对我们自身更加了解，好让我们的心更快乐一些。

与我们的生命相伴相生的快乐，它是自发地随即产生的吗？还是后天习得？我们能不能让自己时常快乐并保持这种愉快的情绪呢？看来有太多的事要琢磨，包括捕捉自己的情绪点和培养自己的快乐。

快乐需要自己去发现和寻找，需要用心体验和感觉，这些前已有叙。现代人之所以越来越不快乐，其一，是因为时代不同了，生存的外部条件大改变，越来越繁忙，越来越有压力，这是挤占快乐空间的主要原因；其二，是因为快乐是需要学习的。生活中的许多生存技能并不是与生俱来的，有许多软性的生活技巧是需要不断学习和提升的，并不是我们的父母老师这样那样教诲了之后，我们就可以全然地接收并可以适用终生的。作为独立生存的个体，每个人都有自己不同于他人的感觉和需求，所面对的事物带来的喜悦或压力的感知都有差别，因而需要特别留意自己对事物的情绪反应，不断地学习和了解把握自己的情感好恶、舒适区及压力点，总结出自己的心情调适方法。通过学习和了解自身获得快乐和幸福的情感体验方式，就像学习瑜伽、修习和把握捡拾快乐和维系快乐的方法，打太极拳和游泳一样。

人类在成长过程中的一个代价，就是获得了成熟丢失了天真，获得了如山一样的成就却失去了俯拾皆是的快乐珍珠。人生的成长伴随着无数的艰难和挫折，在日渐繁杂的生活中，在愈显沉重的工作和生活压力中，快乐与我们渐行渐远。如果说人生的意义被装进了成就的壳里而代价是以快乐支付，那显然不是人类奋进的终极目的。怎样在生活事业的压力下，维持生命快乐的天赐大礼和纯然本性，延续和升华生命的意义，那需要我们不断探索，学习在逐渐改变的社会情态下，更多地关注内心，增强协调力和适应性，珍视快乐，学会用快乐安顿疲惫的身心。

首先，要向快乐的人学习乐观的心态。乐观的心态是人生的一大财富。谁出生在一个乐观的家庭、有一个开朗活泼的性格本身就先于别人中了一个人生大奖。心态乐观和悲观常使人生处于两重天地，乐观使人积极、主动，有冲劲、心怀希望，悲观则使人消极、颓丧、失去战斗力。乐观的心态可以让人更轻松地面对一切，由乐观产生的动力可以极大地消弭事件的难度，也使得原本一团乱麻的问题由放松的态度而产生出更多的解决方法。乐观者和悲观者生活在同一个世界，乐观者看到的是阳光、是机会、是对的那个方面，是对自己、对未来、对世界的信心；悲观者看到的是阴暗、是压抑、是不公，过于关注错的方面，对人对己都觉得无希望、没办法、没前途。乐观的人拥有活力、动力和建设性的想法，对未来、未知也充满信心和毅力，充满正能量——大概正是因为这种无坚不摧的心态改变了并不理想的世界而创造出来一个更美好的世界。悲观者正相反，他们抱持的思维方式导致他们态度消极、行为消极，看不到光让他们不愿尝试就先放弃，因而没有未来。

有了乐观的心态，即便是面对同样繁忙的工作和沉重的生活压力，也可以有效地抵御和化解一些压力和烦恼，排解那些压在心头的忧虑，让心情稍微轻松飘逸起来。快乐可以有效地让我们面对困难时有一个缓冲，产生更多的韧性、创造力和智慧，来应对面前的艰难困苦。身边很多故事证明积极乐观的态度可以产生更大的动力和发掘更多的乐趣，医学上甚至证明乐观松弛的态度相较于紧张僵硬的状态，更能缓解疼痛。

其次，要学会体察和感受自己的快乐。外向的性格能够让人更易于发现快乐感受快乐。外向型性格活泼好动，热情直接，更容易接受和感觉快乐的人、事、物；而内向型性格文静沉稳、深思慎言，对外界的戒备和保留状态使得沟通和被影响都更有难度。虽然性格是天生的，但是，通过深入了解自己、体察什么是自己缺乏的、需要的和亟待改善的，那么，在深度自我认知的基础上，人是可以改变自己原有的性格、补足其不足的。有意地、逐步地向对自身有益的性格模式发展和靠近，事实证明是非常有效的、可行的。内向型性格的人有意识地锻炼自己的胆量、磨炼勇气，学习提高反应速度和练习沟通技巧，逐步变得外向、主动、直接、热情、大胆已经不是什么问题；同样地，外向型性格的那些粗心、太过爽直、鲁莽冲撞的人，在意识到这些性格特点带给别人的是不受欢迎的感受之后，有意识的改进也可以让自己的处事更加和谐圆满。许许多多的人正是通过磨炼和改善、提高自身性格特质而获得了人格上的提升。成为一个自己舒坦别人也喜欢的人，从而也给自己的人生带来更多的快乐。只要你生活在人群中，无论你是内向型人还是外向型人，这种通过人与人之间的互动磨合的改良过程是随时发生的，做一个受人欢迎又自己舒坦的人，的确是一件值得庆贺的事。

再次，开发快乐的意识、观念和能力。要想做一个快乐的人，就要对快乐有一定深度的认识，明了快乐对自己生命的意义和价值，并把快乐当成一个目标。那些真正认识到自己的人生需要快乐的人基本上都能得到快乐，并且比一般人更容易地学会了快乐。这是因为，当一个人对自己的内在认识达到一定的程度，他会非常清晰地探知到自己本身缺乏的生命元素；当一个人终于搞清楚了究竟什么是自己迫切需要的和真正有意义的，他就会有意识地去努力改变自己的思想观念和行为习惯等现状，来逐步靠近想要得到的东西。某种程度上说，这种发自内里的改变需求是最具驱动力的，有这样动机的人，从观念到习惯都会有一个非凡的更新。因而，你需要建立起一个以快乐为目标的新的行为机制，如果你想要得到更多的快乐，你就能够非常有效地做到使自己更加快乐。

所以，快乐与否其实更多决定于你自己。一半来自于你的遗传基因，另一半来自于你后天的学习。很多人在这方面有认知误区，把不快乐看作是外界因素对自己的骚扰，认为如果不发生那些不好的事，那自己就一定是快乐的了。抱持这种看法的人，很容易跟着外界的波动而波动，遇到好事发生就乐一阵子，遇到坏事的发生就怨天尤人，跟着跌入苦恼——这是我们常常见到的情形。如果可以改变这种对快乐来源的依赖，就可以找到宁静持久的快乐之源。认识到快乐是人处理世事的一种方法，用积极乐观的方式观察事物，用柔韧包容的心态处理事情，沉淀思绪之后总能够找到更好的解决办法。当跳脱了快乐的表象来认识快乐的时候，你得到和学到的就更多。当可以主动地调适自己的快乐情绪的时候，你就不会再像以前一样，只认为当快乐来了人就快乐，没有意识到快乐是可以自己有意识地培养和引导的。

所以，当生活中的你真的过得不那么快乐，但又希望自己能够改变这种不尽如人意的状态，能够生活得更快乐的话，那么，尝试学习快乐吧，这既是必要的也是可行的。你可以试一试，亲身尝试那种拥有快乐能力使人变得越来越快乐的境界是多么缤纷和多么舒心。

## 把快乐当成一种习惯

最后，你需要把快乐养成一种习惯，就像喝茶、上网、吃水果、做运动这些你生活里必需的习惯一样——如果你可以每天跑步、跳舞、打太极，那你也可以把快乐当成必不可少的一个生活内容；如果你把快乐当成每天必须完成的一件事情，那你每天就一定会收获不少快乐。

把快乐养成一种习惯有非常多的方式方法，各种各样的“开心训练”都会在短时期内让你的快乐指数直线上升，达到和超越预期的开心效果。最最简便易行的方法有四种：

1. 对镜微笑

每天早晨洗脸时，第一眼从镜子中看到自己的时候，给自己一个最由衷、最美丽的微笑。每天练习露出6—8颗牙齿的开心笑脸，维持10秒钟，对自己说：“我很好！”“我今天很高兴！”甚至是说一句赞美或调侃自己的真心话：“我今天看起来不错嘛！”“我今天看起来真漂亮！”不需要太长时间，你就会发现你的心情松弛下来了，会和自己开玩笑了，情绪放松之后，脸上的笑容也开始由僵硬过渡到情由所衷，再到自己看了都觉得值得赞美的真纯。当你感觉到自己的情绪有了很大的不同和改善后，你的行为也会跟着有大的改观。用这种含有心理暗示的积极练习，来开始改变你的每一天，要不了多久，你就会发现，你的心情亮丽了，你已经变成了一个快乐的人。

2. 吃“开心食物”

改变食物结构可以改变人的性格。一些食物可以让人更活泼外向，一些食物可以令人沉静平和；食物中的微量元素会影响人的情绪，而一些食品因含有人脑所需的微量元素而被称为“快乐食品”。

哪些食品是“快乐食品”呢？医学研究发现，可以调节大脑情绪和调动大脑活力的食物会提高人的快乐感觉，如富含B族维生素和钾、镁、叶酸等元素的食物。除了巧克力这种人所共知的快乐食品之外，日常生活中多吃深海鱼、香蕉、南瓜、菠菜、全麦面包、樱桃、大蒜、辣椒以及鸡肉、低脂牛奶、咖啡、甜点等，也可以让自己保持快乐情绪并且感觉更加快乐。

通过改变自己的食物结构来改变人的行为模式，早已经被应用于日常生活中。比如，富含钾的香蕉是公认的快乐食品，它可以让大脑分泌内啡肽而提高大脑的兴奋度；绿色蔬菜中因含叶酸而使食入者远离沮丧，提高大脑血清素水平因而可以抗击抑郁；咖啡因可以促使人脑中多巴胺的产生，因而有提高自信心和集中精力的功效，生活中很多人都以咖啡来提高工作效率和改善情绪；鸡蛋中的维生素 D 可以缓解因缺乏这种元素而造成的沮丧和行为呆滞、意志消沉，所以鸡蛋是一种大脑不能缺少的营养品；深海鱼由于含有镁、硒、磷等微量元素和维生素 E，可以缓解大脑紧张、缓解疼痛和促进活力再生；红肉中丰富的铁元素，可以使大脑更有活力、更快乐。如果人体中因地方水土特质或者个人吸收能力而造成的严重的维生素缺乏、微量元素失衡，医生会对你进行针对性的补充治疗纠正；如果基本正常而只是需要提高个人的快乐指数，只需要有针对性地选择需要摄入的营养素，就可以达到改善情绪、提高脑活力的目的。

3. 做运动

运动可以加快血液循环、增加血液中氧气运载量和加速人体新陈代谢以使人精神焕发、倍感活力，这些早已为人所共知。经常做运动的人都知道运动能使人上瘾，运动使人年轻，运动让人情绪高涨、感觉兴奋。这是因为在运动中，可以让人像喝咖啡一样在大脑中产生一种快乐物质——内啡肽。运动可以有效地减压、排毒和使人放松，让人从每日工作和繁忙的重负下解放出来。所以运动由于令人上瘾而使许多人能够长时期地持续坚持下去，在不运动的时候反而觉得浑身不舒服；就是因为它是一种“快乐的活动”，人们才愿意为它吃苦流汗。做运动精神好是人人皆知的，明知运动好而不去做，就是人的惰性了。所谓没时间、不喜欢做运动，都是自己给自己的借口，是不愿意离开过去自己所养成的习惯。

4. 调配快乐心情

自己的心情当然要自己负责了。而快乐是需要用心经营和调配的。自己的心情和心态只有自己了如指掌，别人虽然可以感知你是否快乐，但是，只有你自己才清楚你为什么不快乐。

不快乐的因素有些是可以说得出口的，还有很多是永远都不能或不愿意说出口的。所以，只有自己是自己最好、最贴心的医生。把快乐建立在别人的基础上当然也能获得许多的快乐，比如家人、朋友，他们总是乐于分享自己的快乐的，但是，克服自己的不快乐则更多的在于自己，因为这个世界上只有你自己知道你的船湾在哪里、你最需要的是什么。你要随时把握和调节自己的情绪，要控制情绪而不是被情绪控制，以此来维持快乐的心情。要时时处处让自己处于平和、快乐、随意而不是沉闷、压抑的状态。最简单的一种方法就是阅读幽默小品、看漫画和幽默视频来提升快乐情绪，每天三两分钟的开怀大笑保证你慢慢演进成为一个不知忧虑为何物的快乐的人。

关于快乐的培养，民间和报纸杂志上有不计其数的秘诀和良方，许许多多简单有效的方式其实都很管用，关键是你是否下决心要成为一个快乐的人。你需要找出适合自己的“开心训练”方式并且坚持一段时间，养成快乐的习惯了，你会惊奇地发觉，原来开心是一种如此良好又有益身心的好习惯，快乐是一种如此美妙的心情方式。那时候，你就变成了一个自然而然会开怀大笑的人。把快乐定为自己生活的主基调，你的整个人就变成轻盈的、能动的、富于智慧的和愉悦的，当然你就是一个能够找到幸福大门的人啦。

# CHAPTER 6

## 快速简单的幸福调适

像雾像雨又像风
不是天气
是你的情绪
有阴有霾
雷鸣电闪
潮起又潮落
终将归于平静
不全是月亮惹的祸
只因为未把握

如果说你对保持自己的精神健康方面有什么必须去做的话，那就是对自己的情感、心绪留心观察不断调试了——因为在这方面，别人最多只能给你耐心的劝解和引导，到最后也无人能够替代你自己。你还是需要自己行动起来，从情绪的沼泥中挣扎着走出来。而在平时，如果能够学会像看天气一样观照自己的情绪的话，你所面临的任何事情，也都会放得更为平缓。在理性的引导下适度处之，慢慢地，你会感到宁静的日子天天好，世间无烦恼。

## 你的情绪谁做主

人的病是由什么引起的？人又为什么会时常感觉烦恼？

关于这个问题的答案，肯定是各话各说，从外感风寒到细菌感染、从病毒传播到免疫力降低等等都可能是致病因素。至于人的感觉，那更是杳渺如云、细腻多变的。万物之中，只有人可以精准地设置电脑程序、制造高精密仪器，飞天、下海，遥控宇宙飞船、航天飞机、无人驾驶地铁、自动汽车，可以借助电子设备进行远程会诊、开刀，以及控制大面积的自动生产线。但是，对于自己头脑和内心里产生的个人情绪问题，人们是不是也可以控制自如呢？

答案是不能——至少很多人都不能很好地控制自己的情绪。七情六欲是正常的人都会产生的，人的头脑里每秒钟有无数念头纷至沓来。人每天的情绪也不是一成不变的，但是，情绪波动得太厉害了，就会影响人的心理活动和日常行为。也就是说，当情绪不加控制而人看起来非常情绪化的时候，也许就会带来一系列的副作用了。

人们常见的情绪有哪些呢？正面的情绪包

括：快乐、感动、爱、积极、自信、兴奋、活力、欣慰、自豪、骄傲、满足、放松、自在等；负面的情绪包括：恐惧、怀疑、抑郁、受惊、紧张、焦虑、失望、绝望、伤心、羞耻、内疚、厌烦、痛苦等。应该说，人在生活中遇到不同的境遇，自然会产生不同的情绪反应。二者的不同在于，正面的情绪常让人积极向上，感觉无比美好；而负面情绪出现的时候，人多会沉浸在焦虑、失望、痛苦、烦躁的不安状态中。人的情绪常常是随着生活和生理情形的变化而变化，虽然说正面情绪常常可以体验美好但人还是无法一直持续地留在其中；一些负面情绪虽然也可以让人警醒和防备，对人产生着保护作用，但是如果长时期地沉湎在负面情绪中不能抽离，很显然那是一种不舒服甚至有害的状态。保持积极主动、宁静和谐、身心平衡才是人们感到舒服自在的正常身心状态。

正面的情绪，平和宁静的身心对人的健康有益，负面的情绪容易带来一些问题。你知道有多少疾病和人的情绪有关吗？你知道你的情绪不仅会严重影响你的心情和感觉，并且直接影响到你的幸福感吗？

其实，作为情绪的主人公我们多多少少都知道情绪的波动对个人健康、对事务处理都会带来影响，但是，我们就是管不住自己，并且很容易陷入负面情绪的泥潭。所谓情绪波动，就是人的心绪、感觉和判断都阶段性地受到某种事件带来的情绪的控制，有时甚至连理智也暂时被蒙蔽，不能做出平时正常的行为控制。比如沉浸在伤心、苦痛和混乱中，处于被激发的亢奋或受刺激的不安中，等等。

情绪像潮水一样起起落落，它来了我们会跟着受到影响，它消失了我们又会恢复平静。这种看不见却实实在在能感觉到的东西，在人的各个阶段不同程度地影响着我们的一生。有些人平和一些，有些人情绪化一些；一些积极的情绪赋予人创造力和鼓动性，那些消极的情绪使人意志消沉、萎靡不振。所以，学会判别自己的情绪，学会驾驭自己的情绪，和自己和谐相处，非常非常的重要。情绪化并不仅仅是让别人觉得难以相处，许多时候，情绪化也是一个伤害自己的元凶。

目前，现代医学和心理学已经对人类自身有了非常卓著的研究和众多发现，包括对情绪的研究。千千万万的个体都能够觉察到自己在某种情绪下的冲动和其带来的对人、对事、对己的影响，但只有部分的人能够控制和把握自己的情绪。心理学和医学临床研究也证明了，人在各种情形下所造成的身心压力和情绪问题是多种疾病的成因，羁留在心底的压力和抑郁不能排解所引起的长期负面情绪，是造成人们疾病和亚健康的根源。根据医学研究，76%的疾病由心理情绪引发。由此可见，有意识的管控和调节好我们自己的情绪，是一件非常重要的事情，良好的情绪管理和控制可以避免许多不快与疾病的发生，也可以维持好心情、好感觉和催生个人的幸福感。

那么如何管控自己的情绪呢？这其实是非常个人的事情，它需要你调动自己的意识，主动地观照和仔细地体察自己内心和情绪的变化。遇到一些事情引发不良情绪，要及时提示和开解劝慰自己，并积极寻求转移和化解。一个很好的办法是给自己的情绪“装一个开关”——用心理暗示和主动调节的方式，让自己不要长时间沉湎在烦恼、悲伤、绝望、痛苦之中。也就是说，当你注意到情绪的滑落，感觉到沮丧悲苦的时候，要静下来，自己跟自己的内心对话，面对心中的痛苦，辨析缘由，然后劝慰自己，接受当下不尽如人意的状况；允许自己在一个有限的范围里难过和发泄，继而要求自己逐渐从烦恼中抽离出来，用一种对你自己有效的替代方式隔离痛苦，从而把自己从痛苦的情绪中“拉出来”，远离那种深陷泥潭似的不舒服状态。

“面对—接受—制止—隔离—转移—沉浸—遗忘—重建”，是一个非常有效的精神恢复系统。按照这个步骤，大多数负面事件发生之后，有意识地自我监察、管控和引导自己，让自己在不如意的状态下沉静、收敛，用心智和理性处理棘手问题，这种做法达到的最终的效果，要远远优于冲动和不理智情形下的事件处理。所以，有必要学习一些情绪管控的方法，时常观照自己的内心，觉察自己的情绪反应。有意识地自我调节、自我训练自己，一段时间后，基本上可以增强涵养，加强自我管控能力。所以，个人的情绪管理，即是修身养性、磨炼性情的一部分，也是自我驾驭、自我调节的有效方式。人首先要“自制”，实在不能“自制”的，才需要心理医生和咨询顾问的协助。

虽然一开始控制自己的情绪有点无从下手，但是，当你把情绪当成一种存在，面对它、聆听它、劝导它、调适它的时候，它就不再像脱缰的野马般难以控制了。跟自己的内心在一起，跟自己的情绪做朋友，理解自己情绪的主客观原因，允许并且寻求恰如其分的宣泄，引导和转化负面情绪，有意识地保持平和和冷静，这样，一个时期以后，你就可以将自己的情绪化问题减少到令人满意的地步。

有关情绪的控制和正向思维的训练你可以参阅其他相关的心理学专业书籍。学习正面的思考、学习怎样让自己保持平和的心态、学习怎样使自己快乐，这是过去人们不认为是一件事儿的事儿。在今天压力倍增的社会节奏下，这或许已经是很多人需要重新了解和把握的了。无论怎样讲，现代人的孤独感和压力是大大超过父辈祖辈了，体质也更逊色了，情绪问题也愈加突出了——近 20 年来心理问题和抑郁症蹿升的发病率就是一个证明，并且，据预测，在 2020 年的时候，心理疾患将成为困扰人们的全球第二大疾病。

## 定制快乐：给情绪装一个“开关”

除了认识自己的情绪，你还需要学习控制和调节自己的情绪，给自己的情绪装一个“开关”来自己主导自己的情绪。

有意识地体察和确认自己的情绪处于正面、平和状态下，让自己保持时常处于舒心的正面状态，你还需要培养几个可以长期保持的兴趣和爱好，有一个坚定充实的内心世界是支撑你精神不倒的重要方法。有了个人喜爱的业余爱好，你就有了一个精神的支点和防空洞，当不顺和挫折带来的负面情绪来袭的时候，可以适时转移注意力到爱好上，在专注、投入中，让自己暂时地隔离、回避一下那些扑面而来、剪不断理还乱的烦恼。也就是说，个人兴趣和爱好是类似“心理防空洞”这样的一种配置，无论是钓鱼、登山、旅游，还是绘画、写作、听音乐，任何一种足以让你忘却工作和当前生活中烦恼的方式，它们都可以给你提供一个“壳”，可以让你暂时地躲进去，免除硬性对碰那些难以接受、难以忍受的人和事带来的烦恼和伤害，提供一个缓冲保护，让受到挫折和打击的心先规避和喘息一下。

一般地，工作场合的紧张节奏和严肃氛围并不适合负面情绪流溢，人在空闲的时候反而更容易被负面情绪阻击；当工作之余、无所事事的时候，那些未曾了断的伤痛和烦恼就会浮上来。因此，一个适当的艺术爱好和其他足以令你全身心投入和享受的嗜好，都会给你提供这种有效的缓冲保护，成为一个“心灵避风港”。

在多种可以带给人轻松和疗愈效果的兴趣爱好中，艺术形式是最赏心悦目和具有明显效果的。医学试验证明，当人脑左边的前额叶皮层受刺激活跃的时候，人会产生正面情绪。在实验中，美好的画面会让这一区域更活跃，反之亦然；即人为刺激实验者的左边前额叶皮层时，中性甚至负面的画面看起来也更美好。我们每个人大量的生活体验也证明了，在心情不好的时候，听听音乐看看画，到风景优美的地方旅行几天，新的内容刺激和环境主题等马上可以分散注意力而让人忘记烦恼，将郁闷一扫而光。遇到不顺心不钻牛角尖，“转移法”和

“遗忘法”或许更见效，让人从烦恼中走出来。

这样说并不意味着逃避主义。事实上无论是工作上还是生活上的郁闷和压力都无可遁逃。怎样解决自己的压力问题，最终还需落脚于个人的调适和适应能力问题上。不过，在郁闷混沌的情绪下处理各种尖锐重大问题，总归比不过冷静理性的合理处置。——更何况，生活里80％的人类的担忧、烦恼，其实只是一种警戒性的杞人忧天，真正发生的比率是很低的；缓释压力、延时解决，冷静思考、妥善处理，当然会有更好的结果。

所以，给情绪加一个“开关”，观照自身，过滤情绪，停止负面情绪对人精神的侵蚀，用主动的引导调控方式来让自己保持愉快，让自己的精神经常处在一个更温暖、更祥和、更美好、充满着爱和感动的所在，你会倍感人生的美好和珍爱生命存在的意义。情绪管理很重要，掌控自我，善于调节自己的情绪，不放任不良情绪任意泛滥，对生活中各个层面出现的矛盾和不快引发的自然情绪反应做到悉心观照，主动排解，良性引导，优化替代，就能够以乐观和舒适来消弭忧愁、痛苦和紧张。尽管你不需要做到多么精专，你还是需要学会一些调节技巧，让你自己生活得更快乐和更幸福。

# CHAPTER 7

## 攀上幸福的巅峰

生命是一条流动的河
幸福是一个过程
如果你像花儿一样绽放过
你懂得
蜂蝶嘤嗡　穿越阴雨圆晴
四季轮回
在秋霜冬雪下
沉默的坚持
和
春风呼唤中
又一轮坚强的萌发

快乐的层次有三个，它们在不同方面丰富着人生，带来或长久或短暂的愉悦感受。不同层次的快乐让人们在不同的时间、事件，认识和体验的深度以及感受的强度上，享受快乐的回馈。不同的人，因为着眼点和追求快乐的方式不同，他们能够体验的快乐的程度和深度也不相同，有些人的快乐永远是自己一个人的快乐，而另一些人，可以让很多很多的人一起，享受人间的“众乐乐”。

## 眼耳鼻舌身：快乐常环绕

人们通常追求的快乐，大部分集中在感官层次上。比如日常生活中我们离不开的温饱物欲。人必须先生存然后才有精神层面的细微要求，满足初级的感官需求是最自然不过的事情了。能够带给我们感官快乐的事物太多太多了，我们吃到美味食物会开心赞叹，听到优美旋律会翩翩起舞，看一场电影、买一个包包、穿美美的衣服、用时尚电子产品……太多的事情可以使我们立即眉开眼笑，体验到惊喜、快乐和心满意足。

物欲和肉体的快乐真实而富有吸引力，它们成为人们生活中不可或缺的一种享受——对所有人都有效的快乐享受。饥饿之后的饱食，瞌睡降临时的枕头，放纵时的纸醉金迷，还有男欢女悦中的悸动，等等，都让人乐不思蜀甚至沉迷其中。只是感官带来的众多快乐、饱满实在不能维持太久。好看的东西新鲜过后是厌倦，好吃的东西吃多了会腻烦，再新型的电子产品不会太久就会面临更新换代，K 歌、桑拿、按摩等舒服过后，欢愉、放松的感觉会很快消失。要维持感官的快乐，就要不断地重复那些带来感官享受的活动，无论是眼、耳、鼻、舌、身所产生的视觉、听觉、嗅觉、味觉还是触觉方面的快乐，通通都是只可回味不可保存的，快感可以很强烈，但是若要再次得到，必须重新去感觉那种情形。

这也就是为什么感官的快乐是短暂的原因。人们享受了感官之美好体验之后，如果留恋这种感觉，就需要再一次去寻找和去尝试，人们希望得到更多的这样的快乐，就会不断地重复某一行为，最终形成依赖和上瘾；因为人们喜爱这种感觉，希望能够不断地沉浸和享乐，正是所谓的流连忘返、沉迷其中，希望一次又一次的重复能够留住这种感官上短暂的快乐，比如赌徒会一再地去赌，嗜美食者也会不远千里追踪美食，以便享受他们的嗜好。

经历了漫长时间和无数的实践的检验证明之后，人们最终认识到，生命中的许许多多快乐，仅仅停留在感官的层面是非常不够的。人生需要多种快乐，只有吃饱喝足、中大奖、买包包穿时装、驾大车住大房、夜夜笙歌、肉体快活根本还不够，即便是天天歌舞升平，人们还是会觉得这种感官的快乐太肤浅、太普通，不能深入心扉、不能触及灵魂。这些感官上的快乐似乎不足以达到那种深深渴望的持续与流传，人类还需要一种超强的恒久流芳的快乐与自身不离不弃，那么，这种快乐是什么呢？

## 内心的愉悦：像花儿一样绽放

当人们思考的时候，进行比较、判断、选择的人便进入了理性的层面。相对于人人可及的、必要的饱、暖、物、欲，一些人更向往温饱之后发展出来的可以展现个人性情、爱好和才华的诗词歌赋、琴棋书画等等所谓的才华之乐；另一些人则喜爱上运动、手工艺和享受大自然或者享受人际交往、发展友情所带来的心境上的平和与欣悦，并享受由此带来的深度的生命开掘中蕴含的激情绽放和热忱迸发。这种不同于感官快乐的更深刻、更完美、更为强烈的深层快乐，就是人的第二层次的快乐，也就是发自内心而非由外界刺激引起的由衷的喜乐。

内心的愉悦十分明显地比感官上的快乐更能持久也更加浓郁。这种发自人内心深处的，由自身向往渴求引导下的探索—收获式的快乐不依赖任何外部条件的激发，完全由自身的兴趣和热忱作为引导，发于内而形于外。以精专的技艺和热情向外展现一种物我结合的创造力，学、赏、鉴、用、融会贯通之后的人生境界，不是身体五官的本能反应和满足所带来的快乐程度可以比拟的。同样是快乐，需求和感受的质地是两重境界。

作为较高层面的内心愉悦，与着意寻找和

享用的歌舞饮宴等所带来的快乐不同的是，内心层面的快乐更富自主性，并将快乐的根源从外部转而寄托于个人自身。因而，这种内在的个人的快乐更以自我为中心，走向心境的自造和快乐源泉的自我更新。此时的快乐是自我生成的，无须外界的强加，因而更自觉的快乐意识带来不同于肉体物欲的清新和欣喜，也带来了快乐的自由自在和自主性，这使得感官不能长久地维持快感，在充分的自我把持下，成为可以延续的长期的快乐。

内心的愉悦由于出自心灵的专注投入和慰藉，其强烈程度和持久程度都远远超越外在的感官刺激式快乐。所以，人类从物欲温饱中的感官之乐，进化到享受自我、发扬自我的天赋快乐，从中发现生命中的热爱和激情，这确实是迈上了一个新台阶。而这种快慰，其强度也是远远超越普通层面的任何一种快乐，非物欲之乐可以相比。因而，人类精神殿堂源远流长的高尚憧憬和至高享受，莫过于能够建立荣誉、声望、功勋、成就和德行的诸如才华、勇敢、智慧、技能等等外化形成的精湛艺术、高超技巧、高尚品德和淳厚情感这类让人欣悦的快乐。

由感官的快乐迈向心灵的愉悦没有台阶，只有在长期的生活中自我修行不断陶冶，才可以升华自己的感知程度和提升快乐的层次。

## 让精神像常春藤一样自由攀爬和生长

除了前面反应式和发掘式所带来的两种层次不同的快乐之外，人生中还有一种只有少数人可以修为和体验的快乐——自由的精神生长。这是一种最高等级的快乐，伴随着一个人精神世界的强大而汲取更多能量、倍速增加的快乐。通常地，能够享受自由的精神生长这种广义快乐的人，是一群能够很好地驾驭自己、挖掘自己的潜力、拥有超越一般人的智慧和毅力、能够打破常规的有创造性思维的人。

能够享受这种快乐的人首先是有创造力的人，是有远见卓识的人，是不拘小节、可以在世俗目光下随心所欲的人。比如，一些大发明家、大画家和大文豪和一些现代社会的杰出人物，常常可以以常人难以想象的毅力在实验室、画室、书房和社会活动中专注地、长期地、投入地做着别人不能做到的工作，比如爱迪生、米开朗琪罗和罗琳，比如特蕾莎修女、比尔·盖茨和巴菲特，比如曼德拉、乔布斯和林肯、贝多芬。他们都克服了常人不能克服的难题，逾越了常人不能逾越的现实障碍，在他们超前眼光和坚定信念指引下，执着地实现着自己的生命理想，让生命绽放出非凡的奇葩。他们的坚持、奉献和付出，让更多的人因为他们的存在而更美好和更快乐，他们的执着、追求和生命激情，让他们得以享受一种巨大的快乐。因为有这种非凡的精神成长，和由此带来的非凡的耀目成就，这类人也成为全世界人人敬仰人人称颂的人。

常常是在他们功成名就之后，我们称他们为时代骄子，但是他们漫行在探索路上的时候，有哪一个是一路风光、歌舞升平地轻松走来？自由的常春藤在生长和攀爬的过程中，可以不经风雨、不遇秋霜吗？读一读这些人物的人生故事，你会有自己的感悟。

由此看来，人生的快乐以五官感应为基础但不止于感官的快乐，来自内心的满足是人们更喜爱体验的，而更有能量的快乐则是从心理层面产生和发散出来的令人欢欣的力量。在快乐的等级上，爱、慈悲、奉献、分享、利他等等，正是人类快乐的最高峰。

## 随时汲取正能量



什么最能激发人的快乐？答案是：所有的正能量。

有效地避免陷入负面情绪的一个做法，就是提醒自己，永远汲取正能量。所有能够给你正能量的，通常都是积极向上的东西。

在信息爆炸、媒体多如牛毛、互联网高速

发达的今天，所有的事件中，越具有关注度、最能吸引人眼球的事件一般说来多为负面消息：恐怖袭击、病毒扩散、核爆炸、性丑闻随时随地从世界各地冒出来，成为人们茶余饭后的谈资。感动世界的正面报道当然也有很多，只是人们比较习以为常了，并不把这些正常的正面的东西当成“新闻”了。民众的“八卦”和媒体的猎奇共同形成了社会的审美格调，而媒体又是社会生活的观察者、记录者、传动者和风向标；媒体上活跃的，正是百姓关注的，百姓关注的，也是媒体津津乐道的，二者共同的互相作用形成了当今的社会潮流。正因为如此，能够抓住大众眼球的，往往是与大众息息相关的，或者毫不相关的社会新闻和名人的负面新闻。虽然事实上，在每天发生的万万千千事件中，中性的居多，负面的和恶性事件只是很小很小的一部分，但从人们关心自身安危的角度来看，“好事不出门，坏事传千里”，尽管那些不该发生的事情是令人瞠目的，但负面新闻的警醒作用会更强烈一些。虽然一些名人的花边新闻能够娱乐社会大众，但是，整体上看，那些沸沸扬扬的格调不高的社会事件，带来的却是越来越多的副作用。

要保持心理健康和常怀喜悦，自我就要有意地汲取正能量。首先，你需要有意识地调整一下自己的接受心态，把从普通人泛泛地、不加选择地接受社会和人生的负面信息为主的接受状态，调回到关注人性善良、关注生活美好的那一面；从关注社会、花边新闻，侧重到更关注科技、健康、经济等的分析论述性文章。只有你相信人生的美好，你才能有美好的心情和美好的人生。对于被媒体暴露和放大的社会阴暗面，你要有自己的分析能力，具体事件具体分析，并相信社会整体的健康性和人性中美好的东西总是占绝大多数的；如果总是不加分析地接受负面信息，总有一天心情会变得越来越灰暗。

人生和人类社会一样，很多认识都需要时间的沉淀，是一个螺旋式上升的认识过程。对人类社会总体上抱有信心很重要，相信“人之初，性本善”，相信光明总是会战胜黑暗，相信人类总是在进步并且会越来越开明，这非常重要。心有正念，自有亮光。人们常说，“种瓜得瓜，种豆得豆”，相信什么就会得到什么。尽管人生在世常有波折，不如意者十之八九，就像黑夜与白昼一样，世事不可能全都是好的，也不可能全部都是坏的。生命中最有价值的一件事，就是激浊扬清，冲破负面观念的影响，引领自身达到更精彩的境地。

不与他人做比较，只比自己的今和昔。任何不公平、不快乐基本上都是比较出来的。世间没有两片一模一样的叶子，人却要求别人怎样自己也要怎样——并且，在比较的过程中，人们通常只要求向别人具备的好的一面看齐，所谓“人向高处走，水向低处流”，对别人的不幸和缺憾则视而不见——这样的比较既不科学也不公平，比来比去非但比不出所以然，反而更多的情形是比来一肚子闷气，这是最无价值的事情，也是最败坏心情的事情。如果你学会拿今日的自己和昨日的自己比，拿现在的自己和10年前的自己比，那多数人都会觉得自己进步了而喜悦满怀。

人不开心，常常是因为听了别人的冷言恶语。很简单，从今天开始，训练自己说话动听如三春之温暖吧——因为，除了极个别没有教养的人出言不逊伤害他人之外，大多数的冷言恶语来自于人们平日承受的风刀霜剑。根据反射原理，人发出什么就会得到什么。如果你平日口吐莲花，对人和颜悦色常带体贴，那必然不会享受讽刺、挖苦、挑衅、打击式语言的回敬。所以，从现在开始，学习肯定、学会赞美吧。当你真诚赞美别人的时候，看一看你将得到什么样的反应。

如果这还不够，那就唱歌、跳舞吧！大量的事实证明唱歌、跳舞对人身心能带来极大的欢乐，因为人在唱歌、跳舞的时候大脑会产生一种快乐物质——内啡肽；这是一种类似麻醉药品所产生的功效，也是人在运动的时候分泌的那种令人激动兴奋的物质，它让人产生快乐的感觉——当然，你也要保持运动哦——运动使人快乐，经常运动的人不仅意志坚强而且比较开朗、快乐。

勤奋工作所带来的专注感和成就感，是人生快乐的屡试不爽的良方。专注于一件有意义的事情本身可以让你避开许许多多节外生枝的烦恼事。同时，专注的结果必有好报——只有在专注下你才可以达到心灵的体验，而此后紧跟着的成就感是发自内心的最高慰藉。不管是画了一张画，还是发明了一个了不起的物件，做出成就甚至不必让社会和别人认可，那种自豪和快乐就会自动充满你的心。

从生活中汲取正能量吧。实现快乐，我相信你能找到更多更适合你自己的方式。无论是怎样的做法，当你真正感到内心那种宁静的喜悦的时候，你知道，正能量是这个世界送给人生的一份最温暖最感染人的快乐礼品。

# CHAPTER 8

## 聆听内心释放快乐

你有没有在寂寞中

听

花开的声音

如果

你曾经从

一滴水中寻找过太阳

那你一定

能够辨别

幸福的方向

很多人都说他们不快乐。那是因为他们不知道究竟什么是快乐。

在没有的时候期盼拥有，在得到之后又觉得不过尔尔。还有很多人穷其一生孜孜以求，在终于拿到那份人生硕果的时候，发现，自己几十年的辛苦努力，怎么看起来这么的不遂心愿？

你知道要在起跑前倒出鞋子里的沙子，那是不是也要在搭飞机前确认一下登机门？

## 明了自我：你究竟要的是什么

说出来了就会让人感到奇怪，难道我们生活着、奋斗着，居然不知道自己要的是什么吗？但吊诡的是，你有没有看到那么多的人，奋斗了一辈子，到头来才惊觉得非所愿，今生无悔变成临老后悔，是这辈子目标追错了吗？

人必须清楚认识自己。虽然这句话我们在上中学的时候就开始学到并开始照着去做，但是等到我们即将退出社会大舞台的时候，许多人却还是没有真正弄明白这句话的意思。在刚开始的时候，面对眼花缭乱的世界，血气方刚的我们很容易就把全部的眼神盯在眼前视线所及的地方，以为五花八门的物质世界就是人生的全部。回顾整个青年和中年时期，我们好像一个背着背篓爬山的人，见什么就往里装什么——因为那时候我们也真是什么都没见过、什么都稀奇还什么都想要呵，直到背上的背篓越来越沉重的时候，想想还要走回家，计算一下还剩下的时间和自己的体力，这个时候才会产生出较明智的判断：原来不是什么都能要的！要什么不要什么、什么是费力不讨好、什么是做无用功、哪些是必须背上带回家的，原来不是装满背篓就算数的——人生的“背篓”

又何尝不是如此？

在我们的一生中，最容易犯下的迷失就是在物质追求上的分寸失当。为了生存，没有一个人可以完全抛开物质，物质是生活的基础。但是，如果在构建自己的物质乐园的时候忽略了精神乐园，或者干脆失却了精神，那么总有一天，这些倾其一生搭建的金光闪闪的物质大堂上没有精神之光的一角，这座大堂终将黯然失色。如果没有构建相应的精神支柱，你构建的再庞大的物质世界都将是一种五花八门肤泛的堆积，人没有精神方面的追求，就无法得到内心世界的满足。一个人的精神世界有强有弱，但是完全没有精神追求的人无异于行尸走肉。

所以，人在生活中都会有一个定位，有一个追求的目标，有一个清晰的思考：这一生究竟要的是什么。当问起“我是谁”“我从哪里来”“我到哪里去”这样的哲学问题时，人们脸上漾出的往往是稀里糊涂的更接近于调侃的笑，但是总有那么一天，当你在相应成熟一些的年龄，走到了人生的一个重要节点上，在夜深人静伴随着一豆点灯光，你会思前想后扪心自问，总结自己以前走过的路，思考以后人生的方向，而这一切，都紧紧连着“我究竟需要的是什么”的答案。

如果可能，你可以早一些思考这样无聊的

问题，因为这可以避免你人生结局最后不那么无聊。2010年的时候，日本作家大津秀一出版了一本讲述生命的热门书《换个活法：临终前会后悔的25件事》，这本书的观点和实例震撼了千百万读者的心灵，也让人们学会了关于生命的深度思考。

作者结合自己多年的行医经验，从上千例临终病患的“人生至悔”中总结出25个最有代表性的例子，提醒人们在生活中要审视自己，积极地生活，正视心中的愿望和要求，不要走到人生的最后，心中还留存着无尽的与之类似的“临终前的遗憾”。作者详细剖析了25个具有代表性的“临终遗憾”，除了第七条“没有妥善安置财产”外，其余24条走到生命尽头的人们心头的遗憾，全部和人的心愿、情感、享乐、家庭、孩子和爱相关。以此告诫人们，及早地明了人生的意义，弄清楚自己的追求和心愿，不是所有的奋斗、追求都是有价值的。人生不留白，切勿忽略了生命中的爱而留下无以弥补的遗憾。

所以，思考什么是生命中最重要的，是一个早晚要进行的必要步骤。早一些思考，就少一些遗憾。你必须体察和明了自己生命中最本质的需要，因为它反映了你对人生的最真实的要求和企盼。当你真正地明了自我、知道生命中什么对你最重要的时候，你才能做“对”的事情，才会有正确的选择，也才会有不追流俗的坚定信念和勇气。按照自己的心愿，选择喜欢的生活方式，努力地工作，快乐地生活，让自己的一生平平凡凡却充满欢欣，实实在在地享有幸福，真真正正地度过一个无悔人生。

## 让自己从内里亮起来

在思考和确定了什么是你此生所要追求的、什么是必需的、什么是你想要的之后，你就会产生出一个比较现实的个人生活目标；当目标凸现出来之后，相应地，你就会开始寻找实现心愿和目标的办法；在目标、方法在脑海里呼之欲出的时候，那么，紧接着，你将开始行动，去追寻实现目标的途径。所以，思考是这样的重要，尤其是在没有人监督你的情况下，你自发自觉地进行的关于人生问题的思考分析。没有这样的一个过程，没有人生目标的确定，你的人生注定浑浑噩噩，处于无根的漂浮状态，不会有系统的、明确的大计划和长期持久的坚持，当然也不会有多么动人的成就。

这一切都需要你自觉进行——因为人生是你自己的，即便是父母再疼爱你也没有办法替你生活。更多的人关于自己人生目标和其他的思考常常是在平日独处的时候，多次地、反复地思来想去，才逐渐清晰自己内心深处的想法并找到出路的。在这个漫长的摸索过程中，最重要的是你需要聆听自己的内心，反复地确认自己的心音，也就是确认自己的心意和心愿，还有你最倾向的解决方式和实现目标的途径。在这个过程中，你还要学会和自己相处，在独处的静谧中，分析提炼出最真实的自己并接受自己。面对真实的自我是需要一些勇气的。有时候，那个深深隐藏起来的“我”既陌生又可憎，与现实中戴着各种漂亮面具的“自己”相差甚远。即便如此，也要慢慢适应着接受真实的自己，并学习在以后的日子里，尽最大努力表里如一。接纳全部的自己也是需要勇气的，直面真实的自己，尊重自己，鼓励自己，分析优劣势和扬长避短，为自己打造自己心仪的未来。通常，能从人生现实中出发的人，总是走得更快，也最先抵达目的地。

当你仔细地思考过自己的人生策略的时候，你发现，尽管前面的人生仍然需要面对风风雨雨，也会有许多的阴云迷雾，但是，思考过后的你觉得自己的内心深处有一盏灯亮起来了，有一束光投射到心底，自己从内里点亮了，感觉到自己整体上通透起来了。这就是思考的力量——你用自己的自我觉察和情绪智能点燃了自己的心灯。当世界一片黑暗混沌的时候，你经过分析淘洗的内在有一束长亮的光照亮自己。这产生于你个人内里的热能常常是希望和信念的一部分，它将伴随你在最艰难的时候，坚定不移地执行自己的主张。你不会再去附和别人，也不会去追逐流俗，因为你有自己的见地，你有自己的希望和梦想；你不会再去哗众取宠，更不会自欺欺人，在你的自我通透起来以后，你知道，做一个人人羡慕的人，不如做一个坦坦荡荡心存智慧和快乐的人。

## 期待快乐 预想幸福

快乐总是被期待的，那幸福可以定制吗？

如果你每天都必须等待一个拖拖拉拉的人迟到15分钟跟你交接班，那保管不是一种好滋味，那15分钟变得漫长和枯燥难耐；如果是等待你的初恋情人，情形就变了，哪怕那位爱人迟到半个小时，你心中也同样甜蜜，还会在电话这头温柔地说“不急，不急”。这就是期待的作用。如果有一份快乐和幸福值得你期待，那么，你就会特别有耐心、有信心、有毅力地克服种种现实存在的不足，排除万难地把那个内心的期待化成现实。

既然期待有这样的作用，你不妨有意识地引进期待，让它推动你的快乐，在心里真诚地期待着，同时也慢慢地享受着期待带来的加长的快乐。

“你期望什么，你就会得到什么。”人对某种事物的渴望和期待，屡屡“梦想成真”，是因为在这种强烈的渴求下，人们会特别地提神凝力，不断给予关注和耐心，时不时地在心头回放这种深度渴望，保持着持续的注意力。大概就是这种随时留心的状态，确实可以推动人们对关注的事情保持敏感和热情，也保持着随时的跟进和纠偏。在这样的坚持下，事情通常就会被推进到良性发展的轨道，最终心想事成也就顺理成章了。因此，信心满满的期待常常会伴随比较高的成功率，相信好的事情一定会发生时，多数的事情也就顺应了人的心愿，真的来到了跟前。这就是大家愿意相信的那句话“期望和赞美会产生奇迹”和“吸引力法则”带来的顺势效应。

所以，好好使用赞美、信任和期待吧，用这些富含能量的词语和行动传递你的渴望和希求，当那些被希望和期待的对象接收到这种正向的能量和鼓励的时候，会接收到自信、被尊重和积极向上的力量，从而会尽力呈现最好的一面，事物也就多向好的方面演进了。

在你的人生目标确定了以后，就天天努力并尽情期待吧！从事情刚刚开始的时候就期待着，倾注更多一份心力，融入关注和预想，既能延长参与快乐的过程，也能让思想化成一股动力。最终的结果就是收获“你的灵魂期待着什么，就能让你做成什么事”的快乐。

现在，你相信你的幸福可以定制了吗？

## 看见未来，做最好的自己

乔治·艾略特说过：“让自己更好，永远不嫌迟。”做最好的自己，是对自我的高度忠诚，也是对自身潜力的最大化发掘。

人是社会性动物。我们从小一路走来，被告诫需要遵守这样的规矩和礼仪，需要遵守那样的约定和制度，以便和社会和谐相处、保持同步。这些条条框框培养了我们的群体性，约定俗成必须遵守的条规也多多少少消弭了一些太不合群的个人棱角。在适应社会的同时，养成目前我们在做任何事情之前三思而后行的个性。深思熟虑原本是正确的，只是有时候我们容易想得太多，父母的话、朋友的观点、上司的意见、社会的倾向，不知不觉有时候就影响到了我们的心境和判断。我们变得斤斤计较和谨小慎微，以至于最后都不敢有太多想法，更不想让别人知道自己其实还另有抱负。我们会因为讲出自己的心声而担心别人说自己是不是太狂妄了，因说出了自己的理想而遭到冷嘲热讽；长时期的同样的社会熏陶使我们都极为慎重，小心翼翼不让自己踏上舆论的雷区。所以，如果说我们画地为牢、自我设限，那是因为心有余悸；如果说我们隐藏起宏大的抱负，不敢许下一个愿望，那只是担心和心中没底。其实在内心深处，谁又愿意一生活得畏畏缩缩、卑躬屈膝？谁又何尝不想成为人人羡慕的自由挥洒的成功者？

但是我们还是被约束得太多太久了，以至于一些人习惯性地压抑下自己的许许多多正常愿望和想法。泛滥的世俗标准对我们言行的束缚处处可见。餐桌上要看父母、配偶的脸；公司里要照顾同事、老板的感觉；朋友们的八卦也不能总是不附和，埋在心中的话，拿着电话无人可诉说。“出头的椽子先烂”，沿袭的传统更像是难以突破的天罗地网，意识中潜藏着“枪打出头鸟”的阴影。虽然口头上我们都说着要活出自我，但是行动上总是套着无形枷锁。是什么让我们自己壮志未酬先把自己搞丢，生命中的好时光总在诚惶诚恐忐忐忑忑中溜走？

很多时候很多人，长着长着就变成生活在社会人群里的“套中人”。就像弗洛伊德概括的那样，我们“惧怕自己内心深处最坏的东西”，不仅如此，我们还“惧怕自身的伟大之处”。有许多人，因为这种惧怕而“躲开自己最好的天赋”——那些千千万万的一生碌碌无为的人，并不是因为他们不够聪明，只是因为一种生自内心深处的“惧怕”，而逃避成为众目睽睽下出人头地的人。他们实在是害怕成为人们目光的焦点，更害怕成为众人议论纷纷的众矢之的。他们没有勇气选择优秀。

而另一边，又有千千万万的成功者，一浪高过一浪纷至沓来。每个时代都在成就英雄。成功固然因为其中的一些人具有天赋，但更重要的是，他们都不是逃避自己人生的人。是人生态度而不是智商决定了一个人最后的成就和是否获得所谓的成功。失败者之所以失败，成功者之所以成功，简单来说就只是一个两极行为，一个逃避，一个持续前行；一个径自让自己萎缩下去，另一个选择让自己自由地绽放。

做最好的自己，是一个人生命步入成熟、散发自然馨香时刻的一种觉悟后的选择。做最好的自己，是对自我的一种回归、一种虔诚，是自己对自己的最大尊重，是对有限美好生命的最好珍惜。在年轻的时候，我们总是下意识地模仿别人，发誓要做谁谁谁那样的人。当岁月不再青葱，当我们的意识不再朦胧，当我们能够既看到无边无际的森林也看见了自己的生命之叶的时候，我们发现了自己，原来是这个世界上独一无二的。从那个时候起，我们开始珍爱自己；从那个时候起，流逝的时光中的每一秒，才开始是为我们自己流过的。

看见自己，明了存在的意义，才能激发生命的原动力。你忽然发现自己有了前所未有的勇气。你想坚持自己，哪怕是再苦再难，哪怕是坎坷、崎岖，你会生出一种义无反顾，既不言败也不放弃。看见了自己，你能够分得清什么是执着，什么是人云亦云；你既不会轻狂傲慢、夜郎自大，也不自命不凡、自欺欺人；自知之明之后的奋起，有一种自断后路的无畏，你不怕自食其果，也不在乎冷言冷语，因为你知道，这生命是属于你自己的。启动的内动力，让你看到这世界终将属于你。你决定尽力绽放，不错过生命的开花季节，你要的是丰硕的一生，自己枝头结出的果子，不与人比谁的更红谁的更大，只是慰藉自己这行将度过的一生，没有留白和遗憾，也活过了一个丰满幸福的人生。

这是一个根本的人生态度所带来的巨大转变。如果你懂得做最好的自己，那是对自我生命的最崇高礼赞，它帮助你重建生命大局。跟着它的引领，你会发挥最大潜能的自己，它也会给你一个灿烂的、可以预知的未来。

# PART III

## 做个生活美学家

# CHAPTER 9

## 幸福提纯不忘初心

昨日的愿望
来自心底
最温柔的地方
岁月消磨　万物褪色
初心却未改
那盏心灯
依然明亮照耀在路旁
相伴
漫漫长途
灵魂的归宿
今生无怨无悔

对比过去，想想现在，我们的生活发生了天翻地覆的变化。不要讲远古的刀耕火种、茹毛饮血，就算是回头看看30年前，衣食住行、吃穿用度样样跟以前大不同。电脑和信息化对我们的社会是一次大革命，网络的超越性发展影响了我们每个人的生活；到今天，一部手机已经不仅仅是手机了，除了具备视像通话和游戏娱乐的功能，还有门锁钥匙、电子通行证、付款转账系统、健康记录仪和个人微电脑处理器。我们生活在一个什么都“网”在网里的时代，日日夜夜、任何地方——就连去海外旅行的时候，旅行大巴里都有安装Wifi供你免费“翻翔”。电脑的自动化和精准无误使人类在管理方面如虎添翼，而互联网的无所不包，的确使我们的生活从根本上改变了过去千百年流传下来的传统方式。

## 现在我们拥有的生活

在城市里住久了，慢慢地，越来越少听到鸟叫虫鸣了，取而代之的是各种城市噪音低回的喧嚣和肆无忌惮的轰鸣。空气里渐渐地也难得闻到清新的嫩草香了，往日怡人的大自然气息被眼下带着厨房油烟、含着焦油味道的汽车尾气以及混杂着大气尘埃和可疑悬浮微粒的污染空气所取代，厚厚的似云非云的东西笼罩在我们居住的城市上空。

在早晨起床后，人们从镜子里看到的是自己缺乏睡眠的脸。街道上往来车辆日夜川流不息，每一辆车上都挤满了人。地铁里，上上下下的过客匆匆来去，彼此视而不见，如果偶尔谁的面庞浮现出会心一笑，那八成是钟情于掌中的智慧型手机。不知道从何时开始，办公室到家的距离，不管多远都成了两点一线。自从Facebook、微信和WtatsApp面世以来，朋友可以瞬间天涯若比邻，早、晚都可在线上和陌生人亲热地寒暄，却跟住了8年的隔壁邻居彼此还不知道姓名。在一个朋友满天下的电子时代，手机里的通讯录暴涨到800人以上，但真是到了关键时刻，有了些心事想要找人倾诉的时候，却发现拿着电话不知向谁拨。回到家大门一关，围进四面墙的城堡，如果没有网络和电玩，孤独苍凉的味道就只有自己知道。不知道什么时候，你和我的生活就陆陆续续地这样了，大人孩子人人盯着自己眼前掌中的小方块瞪斗鸡眼，渐渐地大家也都习惯了。

后现代城市化的人生精致摩登却有些呆滞乏味；寂寞自不必言说——虽然我们生活的周围看起来一派红火喧腾，酒吧和咖啡屋越开越多，打着古老招牌和洋品牌，复制于世界各地的小吃美食遍地都是，每个人几乎都不用回家煮饭了。这样的日子似乎真的是越来越好过了——越来越现代的住家和电器，越来越美化的生活社区，越来越时尚的衣着和个人用品，越来越高的薪水单子……在越来越智能化的社会和生活里，我们越来越不需要自己动手了，也越来越依赖他人的服务了。然后，接下来具体到每一个人，我们平均地分担了越来越多的账单，还有寂寞、孤独、空虚。如果害怕寂寞，那就出去到人多的地方热闹，如果害怕热闹，那就宅在自己的自闭空间里。

生活跟以前相比，当然是物质层面有极大的提升。周围的一切在飞速地统一着、物化着。目之所及，到处都是高尚的世界名牌和超级旗舰店。从东到西女人们都拎着同样几款流行手袋，从南到北男人们也都穿同样几个品牌设计的衬衫和布料的西服。从伦敦到巴黎满目所见依然是风情——只是少了记忆中的巴黎左岸、旧时伦敦郊外那种岁月痕迹和老派的优雅从容。新潮衣服和流行配饰闪烁着廉价的人造钻石的光泽，与道路边沉默的百年老建筑暗自较劲，争取街头踯躅者犹疑的目光。霓虹招牌五光十色，混杂着咖啡座飘出的吉他手弹奏的电音，奏出现代不同都市同一的金属节律感，提醒着你和我，生活在当今的社会步调中——走在世界各地受人青睐的城市街头，都能接收到这种现代生活方方面面的强音召唤。在这个什么都像旋风一样快速推进的年代，疲倦的你，没准还不知道被什么所淹没。在潮流下，似乎早已经听不见自己的心跳声。

以手掩鼻，还好，呼吸尚在。——如果空气污染指数不是那么高、不必戴NS95防烟防霾防新型变异病毒口罩的话，那其实就该谢天谢地了。钢筋水泥组建的美轮美奂的都市丛林，办公室日复一日的机械性重复劳作，身体上逐渐积累的压力和情绪上不自觉的紧张，有时候忽然会觉得离成功目标越近，就离自己的心越远，渐渐地都快要找不到回去的路了。拎着公文包走在地铁不见天日又昼夜明亮的大理石通道上，抬起右手，掐一把自己的左脸，有点麻木还有点疼，感觉自己颇有些半人半机器的味道，十分小说十分好莱坞，“A living thing”，你自己对自己说，很科幻电影的桥段，却是在自己心里头霎时间回归到微尘般渺小，感到无奈，觉得自己多么像多么像快速运转着的机器传送带上的一个零件啊！

这就是我们现在的生活？对，如果你生活在现代大都市里的话，并且最好那城市够摩登。

## 昨日的梦是否依然在心中

“采菊东篱下，悠然见南山”这是先人们的生活理想。

这曾经的生活理想，一直被古人流传至今，但是碰到我们这个时代，似乎它又倒行回去了远古。

虽然现在，我们摩登优雅的高级公寓里，可以布置漂亮的韩国菊花在人工修建的日式禅意庭院的青苔旁，池水中还有鲜艳肥硕的锦鲤游动，美景胜过天成，只是再怎样布置，也装扮不出“悠然”二字。

“桃花源”是古人的梦想，也是不曾存在过的臆想。有谁亲眼见过吗？又有谁能够真正做到“不知有汉，无论魏晋”？生活在现在的城市，抬眼能够看到的是几米外邻家的高墙、地铁里拥挤的人潮和街头上行走着的一张张睡不够看起来很郁闷的脸；再有呢，就是报纸上各种耸人听闻的离奇事件，让人触目惊心的来自世界各地的战火、凶杀、病毒、竞选和贿赂的坏消息，以及永远摆不平的物价、房价、教育、养老问题，和越来越多的小孩过敏、自闭、老年痴呆症、个人财务问题以及情感和健康问题，等等等等。越来越多的事务随着年龄的增长，滚雪球似的挤入摊在面前的人生必付清单里。

人生的路就像爬山，怎么越往前走离年轻时的憧憬越有距离呢？现代人的心要怎样才能够重新回到“芳草鲜美，落英缤纷”这梦一样美丽的乐土彼岸？

## 有爱在 春暖花就开

当你确切地意识到生活在与你背道而驰的时候，恭喜！你来到了生命的那个叫作“顿悟”的十字路口。或许，你需要一个短时停留，需要一个透彻思考，然后你需要一个“阿甘式”的义无反顾的转身，去迎接生命的下一个瞬间。

这就是你的人生、我的人生，也是许多人的人生。忽然一天，太阳照样升起而你已经不是过去的你。像照镜子一样地，在那一天，你看见了自己。你看到了脸上挂着的那粒雀斑，看到了眼角的鱼尾纹和眼神中的依然闪烁的渴望。你忽然就明白了生命的意义，忽然就不想再像过去那样地活着了；不想再高歌猛进勇往直前了，不想再不明不白地一路狂奔了。你想弄清楚你自己，也试着想“看看”自己的未来。你静下来了，承认了此前一直不愿意承认的现实，并且不再心有不甘地而是毫不犹豫地接受了当下；你甚至还臣服了自己，不再像过去那样执着不放了——

可喜可贺！你来到了此生中的一个中间点，一个个人心智必经的转捩点，一个生命的亮点。你现在正站在一个生命的高度回头审视自己。从这一刻起，你开始平心静气地接受眼前的一切，开始觉察和感受一个由内而外亮起来的“我”。

与此同时也可以感知和接受快乐了，并且还想真心诚意地拥抱现在所有的生活。所以，电影《阿甘正传》里的阿甘，在无缘无故地跑了 3 年 2 个月又 16 天 9 小时之后，他站住了，他转身，他自言自语地说：“我该回家了。”然后他 180 度大转弯，义无反顾地往回走了——这又何尝不是我们精神中的那个自己？

有那么一天，你会有点像这个电影里的阿甘，在经历了一系列劳顿之后，心里就亮堂起来了。转回身，捡拾地上的鲜花，当内心深处重新有那种柔柔软软的冲动，你感觉到那种原始的渴望——对生活本身的渴望而不是对时尚和摩登的渴望，那时候，你的春天就回来了——

## 觉醒是眼前的光 顿悟是行路的灯

——难道这就是传说中的生命的顿悟？不管有没有那部叫作《阿甘正传》的电影，不管有没有那个真实的阿甘，这部电影和主角阿甘还是给了我们非常大的启发。年轻的我们头脑清澈机敏，理想像号角一样嘹亮，鼓励人像尖兵一样勇猛地向前冲锋。追逐目标就像是条件反射，那种前进的张力发自初生的饱胀着活力的身体和满腔热血，通过竭尽全力的奋斗和追求，像填满一张白纸一样地往自己身上附加各种各样的名目和令人炫目的光芒。在激情尝试和成功追求之后，奋进者多有斩获，名誉的光环和物质的猎取都成为"成功"的那个词条的战利品。当初赤条条来到人世的我们终于凭借着勇气、信念外加无数严酷考验和累累伤痕实现了心中所想，当理想成为现实、当旅途抵达驿站，生命的下一步又何去何从呢？

这是一个非常有意义、有价值和耐咀嚼的人生命题。对于这个命题各人有各人的解题方式——当然也可能是全无答案。不过，总有百川归海的那么一天，一路翻着浪花儿奔腾着抵达入海口的时候，你生命的河流是否就此可以宁静地安息？

有那么一天，你会走到这道题板前——那只是自由的生命或早或晚到来的时刻有所差别而已。那个时候，你会问自己很多问题。你会拿现在拥有的和以前你所追求的做比较，你会思考、你会发问，这一切都是我想要得到的吗？这就是我孜孜不倦一生所追求的么？这就是我的生活吗？我这一生是怎样度过的？我得到了我最想要的了吗？我失去了些什么东西？我快乐吗？我幸福吗？

无论你会有一个什么样的反思和自我探索，都是正常的——人生是没有标准答案的——那是你必经的一个生命的节点和人生风景。没人知道你的答案，每个人自己找寻着自己的答案，也无法预测谁会在什么时候、由什么事情引发生命的感悟和思考。但是，在那个时候，当你终于放下了耳边的嘈杂喧嚣，当你能够聆听到自己内心的声音的时候，当你重新感觉到自己咚咚心跳的力度，它会告诉你你心中所有的疑团和答案，它也会导引你去寻找生命中最清澈的方向——那通常是你人生中最高潮、最自在也是最快乐的人类行进方向。

那个方向，有人称之为境界，也有人叫它做觉醒，还有人说，那就是返璞归真。

Follow your heart! 如果你什么都拥有了还是觉得缺少了些什么，是时候聆听一下自己，回返初心了。

# CHAPTER 10

## 在爱与美的浸润下

自古烦恼皆自寻
既如此
为什么不把脸
朝着另一个方向寻觅

如果
向左走一路绿灯
向右走此路不通
无需思考更无需烦恼
回转身
柳暗花又明

当放松了一颗心时，你能听到小鸟的歌唱，也能享受花儿的芬芳；你能看到蝴蝶飞来了，蚂蚁排着队在搬家；天天走过的池塘边，蜻蜓挺立在睡莲的花瓣上；天不知道什么时候晴了，原来天空可以这样蓝，那夜里是不是也能看到星星啊？

小鸟一直都在歌唱，蚂蚁、蜜蜂像过去一样匆忙，蝴蝶和蜻蜓照旧来来去去。如果你可以脱出繁忙，宁静一颗心，你还可以聆听老榆树梢头的一片蝉鸣，和夏夜里星星们的私语。

## 积怨焚心以爱释怨

岁月，堆积在你我心里的，不仅是过往的辉煌和荣耀，不仅是肩上的功绩和成就，还有脸上的皱纹和徜徉在心底深处的叹息。在这个世界上，虽然我们曾如此强烈地渴望，但没有一个人是圆满而完美的，也不可能存在任何一种无瑕疵的人生。无论你是怎样的一个人，伴随着心底的憧憬和向往，你心里还是会或多或少的留下一些遗憾和忧伤。就像那些曾经的美好必然是一种艰苦付出才换得的一样，凡是能够让你彻骨难忘的收获，也必定伴随着彻骨难忘的奋斗和追求，如果不是这样，如果所有的美好如同天上飘落的毛毛雨一样轻飘飘地飘然而至，那么——它必然也如同天上飘落的毛毛雨一样，轻飘飘地随风而逝。轻飘飘的东西有时候看起来很美但大多数时候它也没有什么意义，很快就飘出了人的记忆了。

无须去比较孰多孰少，应该承认的是，在人生的各个阶段，我们的心中或多或少都曾经积淀下一些怨怼。对于心底的怨怼，所不同的是，有些人可以经由各种渠道和努力而化解挥发；而另外有些人的，却在岁月的流逝中逐渐堆积、发酵，最后变成比怨怼更严重的伤痛和毒素长留心底。

羁留在人心底的陈年旧恨，像一股股看不见的毒气，如果没有合适的方式释放转化，它始终在人的心里盘桓，你越尽力去压抑它，它即便是临时变身躲藏，却又会伺机而发，在你最薄弱的那个环节冒出来，伤害你自己或伤害他人。内心深处的积怨如果不寻求一种有效的方式外化，那些毒素就只能留存在那里侵蚀你的心，终有一天，你的身心将失去原有的平衡。

破解怨愤，有人提倡“以毒攻毒”。以一种同样的敌对方式，对造成这种怨恨的人还以颜色，让对方尝到苦头，遭遇同样的境地，以解心头之恨。很多人会这样做，心头的愤怒能够减少多少不一而终，报没报了仇也不一定，可以知道的是，这种冤冤相报的做法并没有从根本上解决问题，怨愤或有减轻，又或许会更严重地引发下一波的互相攻击，正所谓冤冤相报何时了。

什么可以彻底地解除怨愤？没有别的，只有爱。就像那个流传的哲理故事里说的，北风和太阳比赛看谁能让行人解开怀脱下棉衣，北风吹得越厉害，行人因为冷，就越是裹紧棉衣；太阳只发出温暖的阳光，暖和了，行人就脱下了棉袄。原谅他人是需要胸襟的，胸襟建立在理解的基础上，理解需要同理心和设身处地、将心比心。排除故意伤害的行为，有很多的怨恨是因为不了解、误解和方式不当造成的，耐心、爱心可以最大限度地缓解误解和小差错带来的不快和伤害。这个世界上，真正的敌人倒是没几个，人和人之间出现的积怨和隔阂大多来自周围相识的亲朋好友、同事、邻居，因小失大的步步紧逼让很多人两败俱伤，化干戈为玉帛还需要退一步海阔天空。怨可解，不可结，免得伤人害己。

## 甘霖润泽以美养心

释放怨气、舒缓压力有多种多样的方法和渠道，美的创造、作品欣赏和艺术疗愈是其中的一种简便又有效的方式。以“美”来寻求内心的平静和汲取能量、激发活力是近年来开发的一项身心疗愈模式。欧洲和北美的艺术疗愈已经运用在普通的医院和疗养院很久了，对于精神创伤、自闭症儿童和老年痴呆、伤痛恢复等方面都有不错的记录。新加坡方面的医院也开始让病患进行蔬菜栽种、园艺和绘画等艺术疗愈方面的尝试。这些对于已经确诊的病患有明显疗效的医疗辅助方式，对于亚健康状态的压力一族来说，也是释放压力、缓解内心的不错的方法。

艺术培养情操、陶冶性情这早已是人所共知的，与其关联而更进一步的，是人情商的培养和提高。如果一个人从年幼的时候，就被训练接受用艺术方式抒发内心和情绪的话，那么，一个大胆的推断是：那些拿着枪支在校园里行凶的残暴杀戮者，如果他们拥有一个温暖的童年，家庭的关爱，或者在孤独的青少年时期学会用弹钢琴、绘画、跳舞等任何一种艺术方式抒发内心的激情和张力、释放被压抑的孤独和宣泄遭受的不平、白眼的话，或许，世界上的许多暴力悲剧本来是可以减免的，许多悲剧可以改成平剧，抑或是喜剧了呢。

“量变带来质变”。有多少事端的起源，缘于压抑与烦躁的常年累积？唠叨、啰嗦、白眼、口角、摩擦、冒犯、愤懑、冲突、暴力……在这些负面情绪不断堆积乃至爆发之前，任何时间及时给自己一个情绪的宣泄和柔化的出口，也许事情就朝着另一个方向改道而行，从而免去了很多大事件的发端。勒一下情绪的缰绳，就可以避免马车跌到山崖底下。

因而，人总是被鼓励培养兴趣。人的业余爱好和对某方面的兴趣，是人的非常好的情绪和精力转移宣泄的渠道。培养一个爱好、兴趣、嗜好，可以有效地“占据”人们心灵多余的空间，“消耗”掉一部分精力，“侵占”一部分时间，使一件他愿意花时间、花精力专注去做的事情，代替另一件或许不太好的事情的发生。这些人们培养起来的自己热衷的兴趣爱好，又可以反过来促进人的精神健康，从而稀释孤独，排解压力，转化郁闷，减轻那些积压的负能量，从而最终让人没有多余的时间和精力去做那些被执拗、偏颇和过度压抑放大所带来的对人对己有害无益的事情——这是从外在的方面导引和优化人的行为，及选择控制行为结果的一种好方式。

## 聚焦美好消融烦恼

从内在的方面来说，任何一种个人的爱好——之所以称之为“爱好”，必须是发自内心的一种由衷喜爱，你愿意主动地去接触、去研究、去付出、去拥抱以及能从这种爱好中得到一种回报：我们称之为“享受”的那种独特的内心的愉悦。这种由心的快乐，会给你提供驱动力、激情和美好快感，使你愿意为之付出日复一日、年复一年的热情和精力，将某项爱好持之以恒地进行下去。比如跑步、钓鱼、爬山、跳舞、画画等等。于外人来说，马拉松长跑是枯燥难耐的，钓鱼是寂寞难耐的，爬山又累又危险简直是自讨苦吃，画画中的工笔细描简直是机械式重复的折磨。但是对于爱好者本人来说，不仅没有觉得吃苦还生出许多乐趣、心得和旁人难以体验的激情、动力。这种发自内心的由衷热爱往往带来莫大的喜悦和享受，是任何金钱和物质奖励所带来的激励都无法比拟的——史上留名的大艺术家、发明家、科学家和一些拥有独门绝技的大师们，哪一个不是寂寞天才？有几个是金钱激励出来的呢？重赏之下虽出勇夫，但只有热爱才能培育古今中外的创造大师。

热爱，是一种主动追求，也是一种专注的沉浸。专注于一件你认为有意义的事情，可以产生莫大的推动力，促使你去忘我地、专心致志地演练和探求，可以让你无暇关注那些“次要的”事情——也就是说，利用爱好来修身养性、平衡身心的时候，事实上是你在采用一种思维的优先替代来强化对己的保护和正向生长：用主次先后排序的方式，选择那些对你最有益、最有价值的事情优先面对、处理，让一些对你无用的、有害的事情被区隔出你关注的领域甚至是永远没有靠近你的机会。这样的“优化处理”会让你的人生真正做到“趋利避害”：所谓的好运气就是坏事很少，乃至永远不会发生。

说到底，生活在现代社会，在法制的严明框架下，任何人为的伤害他人都是铤而走险；而任何来自大自然的伤害都是意外和不可预测的。除此以外，我们生活的环境带给我们的无形的伤害，多来自于人际关系的纠结和自我设定的目标所带来的压力。种种无形的压力变成了现代人看不见的“紧箍咒”，它不仅使得人与人之间更加疏离，人们变得越来越难以沟通、难以理解和难以互相包容，也使得人自己，变得越来越难以承受社会压力之重与孤独寂寞之轻。以至于在互联网时代，成为世界注目事件导火索的，往往是一些小的不起眼的事件的加速发酵和无限放大，一触即发、一发不可收拾、一失足成千古恨。在这种快节奏、高传播、普遍紧张的社会背景下，每个人管控好自己的情绪和行为成为必要。而艺术审美，既是修养，也是情操和个人爱好的培养，对个体的人来说，不失为一种修身养性、愉悦身心、提高情商、焕发内心的好方式。

有益的爱好和嗜好就是这样一个无言的朋友，它默默地支撑你的精神，相伴在你左右。尤其是在工作之余、闲暇之日，当别人在公共场合闲逛的时候，你在弹琴、画画；当别人在牌桌上一争高下的时候你在阅读、吟诗；当别人精神苦闷需要有人当“耳朵”大倒苦水的时候，你背起背包饱览天下——不是说你就不会有烦恼，当你拥有一个可以维持长久或携带终身的有技术含量的爱好的时候，无论它是绘画、书法、雕塑、乐器，还是园艺、编织、维修、制造或者其他什么的——当你已经醉心沉浸其中的时候，“洞中一日，世上千年”，你所体验和享受的高度投入和专注是天下无敌的最美好时光——那是一种任何人都偷不走的美好沉浸，是一种百毒莫侵的精神保护，是愉悦芬芳的心灵乐园。恰恰是这种投入和沉浸，它为你避开了很多可能发生的不愉快。更应该感谢的是，它在无时无刻地支撑着你的心理健康，让你的身心都散发自内生出的活力，焕发出灿然独具的精神特质。

为什么人们常常羡慕画家、音乐家、舞者的气质？因为他们有艺术非一般的身心滋养。因为他们倾心高雅、远离流俗，所以卓然独立，尽去凡俗之气。气质、涵养皆来自美好的熏陶。

# CHAPTER 11

## 幸福航线：朝着那片最美霞光

每一次日出 都带来生机
每一趟日落 都是一回洗礼
一片云朵 是心的慰藉
一声鸟啼 有意蕴传递
每一滴小雨 敲动新旋律
每一阵花香 捎去谁心意
自然之子 一颗素心
非鱼非雁亦非花
破解
快乐真谛

每个人的内心深处，都埋藏着轻重不一的伤痕和大小不等的芥蒂，有挥不去的记忆和未曾了断的哀愁。有些人选择将它们尘封在心中的一个角落永不再提起，有些人忘不了过去的疤和疼时不时回首舔舐。时间是一剂良药，它能抚平所有的难忘记忆。——还有，如果你愿意，把一颗疲倦的心，交由大自然吧，沉浸在晨晖中，沐浴在雨露里，在那片最美的霞光里，让爱与美疗愈自己。

## 美的唤起

美，自有一种激发身心的特殊作用，这是古往今来许多著作都已赞颂过的，也是古往今来万万千千的人都已切身体验过的。美育，许多人在读书修习时或多或少都有所接触；而美的疗愈，则是美学在心理修复和内在焕发方面的具体应用。

当面对美的事物的时候，人们会表现出多种多样的反应，比如花好月圆前美满幸福的联想，风花雪月中浪漫的咏叹，面对惊涛骇浪激发的壮志雄心，以及朝霞、夕阳、秋风、春雨等等美景所带来的心理触动。这些身心被唤起的例子，在历代流传的诗歌里面，已经是车载斗量了：

"江畔何人初见月，江月何年初照人"——写的是临江观月，浮想联翩，由一轮明月引发的亘古联想和情不自禁的幽思；

"泪眼问花花不语，乱红飞过秋千去"——写的是人的情感激越和拟人化的花儿与人的互动；

"弃我去者昨日之日不可留，乱我心者今日之日多烦忧"——以"昨日"和"今日"这个时间的媒介，道出了诗人心中的无奈、烦乱和忧愁；

“岸花飞送客，樯燕语留人”——诗人以移情手法，“物色带情”，看到落花飘舞似乎深情送别，听到燕子呢喃好像在挽留自己，黯然伤情心绪落寞因而跃然纸上；

“我见青山多妩媚，料青山见我应如是”——这又是典型的景物外化和拟人化的人、景互动，和谐相悦；

“东风不为吹愁去，春日偏能惹恨长”——愁肠寸断、心烦意乱的时候，即便是东风，即便是春日，也不能解除人内心的苦闷和不安，反而有可能加重烦忧，自古以来人类纠结的内心和大自然就难解难分；

“枯藤老树昏鸦，小桥流水人家，古道西风瘦马。夕阳西下，断肠人在天涯”——这究竟是因为看到凄凉的风景而使得人心情凄凉，抑或是因为人心境凄凉而看到的所有景物都蒙上一层凄凉之色，还真不好理清头绪。

无论是“感时花溅泪，恨别鸟惊心”这种人与自然景物的柔情互动，还是“与谁同坐？明月，清风，我”的另一种豪迈爽朗的拟人化自然与人的互动，都包含着人与景物的静观、体悟和认可、互寄，情景互化、意象内显，这是审美所产生的独特的情景交融。

到了“举杯邀明月，对影成三人”的时候，则达到了人与自然更进一步的豪情互动和浪漫连接。如果没有内在的澎湃激情，就不会有外化的热忱相邀：什么人、什么时候会产生如此浪漫、大胆、奇特的想象力呢？只有强烈的情感唤起时。

什么是美的唤起呢？美又能唤起什么呢？

车尔尼雪夫斯基说："美的事物在人们心中唤起的那种感觉，是类似我们当着亲爱的人的面时，洋溢于我们心中的喜悦。"这个解释既生动又贴切地说明了美唤起的那种感觉。

历来，关于美的定义和美的本质都无定论。简单来说，古希腊美学观认为：一、赏心悦目的东西就是美的；二、唤起了人们感动的东西就是美的。美的定义和研究当然还在不断发展中，不过，对于我们这些不是以美学研究为目的的普通人来说，以上这些明确的论述，对于我们在日常生活中对美的认知和应用，已经有很大的帮助了。

几乎每个人都经历过美的体验和美的唤起这些日常生活中经常遇到的事情了，只不过在经历的时候，或许并没有十分清晰明了地意识到这就是美和美的唤起罢了。生活中的你从小到大一定体验过无数的父母亲朋好友之爱，也看过无数次的日出日落、春花秋月、山峦湖泊、芳草萋萋和白雪飘飘。无论是大自然的美景还是生活中动人的场景，能够引发你生命中悸动的东西多而又多。那其中，能够打动你内心深处让你产生感动的，让你觉得美好、温暖又令人欣悦、感慨的那种感觉，就是由体验到的美的触动，而引发的美的唤起。

美的唤起过去是属于艺术欣赏理论中的学术问题，专指在欣赏过程中被艺术作品引发的心理冲动以及人和作品之间的情感互动。现在，随着人们艺术欣赏活动的日渐丰富，人们审美情趣的提高以及各种应用理论的逐步走下理论殿堂进入大众生活，用人们喜闻乐见的艺术形式来帮助特定人群治疗疾病、减轻疼痛和释放压力、打开心扉与外界建立联系等等作用和功效，已经越来越多地被医院、疗养院、心理诊所、特定人群治疗机构认可和采用。除此之外，作为个体的人，也有越来越多的普通人、艺术爱好者用自己喜爱的艺术形式，来进行美的欣赏和美的情操陶冶，把美当成心灵的营养液和灵魂的精华素。

在最新迅速兴起的艺术疗愈中，美的唤起被应用于人们的减压、主动放松和心肌活力的再生方面。因为，在美的理论里，美的本质就在于唤起人们有益于身心的情感。正是因为这样，无论是什么样式的艺术形式，人们因为内心的感动和喜爱，才乐于投入大量时间学习、体味和自我训练，或者乐于花不菲之价购买收藏，再或者买票亲身前往现场去观摩和欣赏。就是因为人们从艺术欣赏中可以感觉到美的冲击力，可以感觉到那种和谐的、美好的情绪的激发和感染——这些对于生活在现代社会快节奏、高压力大环境下的工作人群来说，欣赏艺术、体验不同一般的艺术美所带来的身心新体验，正是暂时忘却工作和生活压力的有效方式，是放飞精神、平衡身心的良好途径，这也就是现代社会的许多人更加热爱各种各样艺术形式的缘由吧——因为，我们实在需要在工作与生活的庞大压力下，呼吸一口新鲜空气了。

## 美的疗愈

疗愈，初听起来很像是疾病治疗和痊愈的样子，不过现在人们普遍接受的疗愈概念，连小孩子都明白那更倾向于放松、慰藉和舒坦的效果。根据世界卫生组织的调查，健康人仅占人群总数的 5%；被确诊患有各种疾病的，占人群总数的 20%；处于健康与疾病之间的亚健康状态约占人群总数的 75%。目前人们也接受了媒体和医学界的分类，即人群分健康、亚健康和病患三大类：除了确实有实质性病变的人被称之为“病患”之外，现代人四分之三都属于亚健康状态。因此，疗愈，已经从先前的治疗状态推进到如今的预防控制状态了。这样看来，为了自己的身心健康，很多人都需要自我防范，在症状转变为疾病之前，先行的自我疗愈可以帮助自己远离困扰和疾病。减压、防病、平衡身心，尤其是那些可以不必假手于人、简便易行的自我疗愈技巧，在繁忙的生活间隙，自我实施应用之中，让自己调节情绪、修复身心、明志怡情、滋养性灵，可以很好地舒缓紧张，调剂身心，减缓因生活中纷繁复杂、防不胜防的冲击可能带来的身体疾病和心理危机。

为什么我们周围很多人自感很受伤、自感需要疗愈呢？那是因为心头积郁的压力太沉重，需要排遣释放了。时代不同了，我们当前所处的生活环境和祖辈们生活的那个年代已相去甚远。“采菊东篱下，悠然见南山”的自在生活已不可多得，对更多人来说更犹如海市蜃楼般不可及。仅仅50年之隔，半个世纪之前的社会生活与当今已经天渊之别。那个时候社会发展缓慢而均衡，整体社会风气淳朴、厚道，生活的节奏相对今日来说也舒适而悠闲；二次世界大战之后的世界各国展现的是恢复生产、社会稳定、各地一派欣欣向荣的发展和复苏时光，人们的生活也蒸蒸日上越来越有品质；到了20世纪70－80年代，经过30多年的经济发展和财富积累，多国人民的生活水准实现了小康；在购买力大大提高之后，各种新生活标准下的现代科技进入寻常百姓家，家庭电气化、现代化之后的新生活方式在带给人们更多舒适之后，也促使整体社会节奏的加速；及至20世纪末21世纪初的时候，电脑和互联网开始渗透人们生活的方方面面。仅仅20年光景，世界已飞速跃入一个高速运转的后现代阶段。各种自动控制和可设定的电脑程式替代了低生产力的人工作业，精细化管理和全球化浪潮冲击旧有的生产和生活模式。整个社会发展的提速，让人类的生活节奏明显加快以便跟得上社会步伐。正是这种社会步调的催逼，让生活在现今时代的各个年龄段的人——从“不输在起跑线上”的幼儿到无法退休的老年，更不要讲每时每刻都被要求“提升”和跟上时代的中年人，都产生了挥之不去的紧迫感——高压时代就这样来临了。

虽然社会已经发展到了一个“高精尖”的电子时代，但是人类还是有血有肉的躯体，还需要吃饭、休息和放松；虽然那些高端电脑的运行最终还是为人类所操作和发明的，但是，普遍的机械化和自动化时代的降临，对于人类这种需要长期、不断提升学习才能够跟上社会发展的动物来说，现实还是残酷的。面对日新月异的社会发展，面对随时更新的观念、潮流和文化冲击，每个人都必须做出相应的调整以求跟进和改变，担心跟不上形势，担心被淘汰。由此所造成的内心压迫和引发的种种不适，造成的十分显而易见的普遍现象就是，近20年来大幅度增长的人们的身心压力，每年攀升的重大疾病发病率，以及世界各国爆发的令人惊悸的暴力事件。

翻开报纸，常常见诸报端的英年早逝的案例往往都和癌症、心脑血管疾病和肝肾疾病有关；与此同时，过劳死、心理疾患和自杀等社会问题，也常常触动人们的神经。很显然，过去这些属于专业医师和社会学家研究领域的种种问题，目前也常常促使寻常百姓更加关注自身的状态和安危，从而引发众生探索和寻觅现代生活方式下更好和更有品质的生活策略。美的疗愈只是其中的一种，借助于艺术形式，依靠自身主动的情绪调整和释放压力，进行个人身心平衡和精力、精神的恢复，重焕生机和活力的自我调节，这个现时出现的愉悦身心、放松复元的诉求，正是这种时代下的社会现状和生活现状的反映。

——很显然，“美的疗愈”是压力族尤其是现代城市人群自我修身、自我排解、自我疗愈的“治未病”防范手段，它是人们自我保护、自我修复、焕发身心的一种活力再生机制的应用。在这里，你可以借助任何一种你喜欢的艺术方式，包括音乐、舞蹈、书法、绘画、摄影等常见易行的艺术欣赏、艺术习练及艺术创造的方式，也可以采用与美有关的手工艺、园艺、旅行等关联方式，视个人的爱好和兴趣，来进行你喜欢的美的自我疗愈。最主要的，是选择你自己认可的方便易行的并且可以长期坚持下去的项目，来进行全身心投入、可以沉浸于其中的方式，作为自己陶冶身心、滋养性灵和唤起生机的疗愈载体。

如前所说，疗愈的理念是包含着“治未病”的古代中医理念加上现代预防学说成分在内的一种新兴理论，之所以可以在当今为人们广泛追捧，是因为现代人通览综合各种学科，关注古今各种社会现象，注重人类自身学识和智慧增长，心灵与各类物质载体一并成长所带来的必然结果。从关注外在的物质繁华的获取，到关注自身内在的健康平衡生活，应当说这是人本身的进步和发展，是值得庆贺的事情。只有内外均衡发展的人生，才有可能实现其追求的幸福圆满。

在现代生活方式下的人们已经越来越多地省思生命的意义与快乐幸福的更高层面。更多的人从追求外在的物质转向探索自我和内心。对生命质量越来越多的关注，和在新的生活质量水准之下的反思，让更多人的心灵逐渐觉醒，体察内心的发展变化，也醒觉细微的偏离和失衡，然后以主动的调适来校正，使自己的内外在行为均处于良好可控态势之下。

总之，通过主动地向往、追求、实践、体

验那些美好的情境和快乐感受，无论是去剧院看电影欣赏戏剧，还是听音乐参加舞会，抑或是挥毫泼墨、丹青书写，又或者种花种草、参加旅行观光看风景，都可以大大调动身心激发性灵，以投入的专注体验来沉浸其中。主动选择快乐或者有意避开某些情绪问题，达到消除疲劳、激扬精神、缓解压力、疏散郁闷的目的，从而享受心旷神怡、豁然开朗、宁静欣悦、再生向上的内在重焕，以良性的身心体验带来正向的生理促动和影响，让自身的生命节律保持宁静和谐，焕发出粲然生机。因此，所有主动投入的以美为载体的对人身心的疗愈形式，都可以让人从身心唤起中远离亚健康，远离疾病，进入一个趋于焕新的良性生命层次中来。

疗愈，在英文书写里，是 heal（痊愈），另外 2 个接近的词是 recover（恢复）和 become well（向好）；仅仅从三个词的字面含义，我们就可以看出来疗愈所能带来的效果。疗愈是一种目前全世界都有兴趣开发的崭新课题：如果我们可以在做某件事情的同时使自身得到一种额外的恢复焕新的功效的话，那是何等欢悦。更何况，通过自我观照、自我引导、自我控制，让我们人生中伴生的那些烦恼、怨恨、愤怒、悲伤、忧愁等各种负面情绪远离自己，用一种代价最小的方式，让自己快乐，让自己远离

“看不见的毒气”，修身养性、净化灵魂，把心灵从内打开，体验、接受和拥抱各种美好、爱和感动，用自己的身体内里产生的光和热温暖和愈合那些看不见的伤口，提升正能量，带自己到“纯阳上升”的良好状态里，是目前任何药物和技术都达不到的，如此曼妙享受何乐而不为呢？

我非常高兴在这里给大家介绍“美的疗愈”这个概念。当你接受了这个概念，你学会用自己的方式让自己放松，学会一种技巧让自己活得更舒服、更精彩，学会换一个角度看世界，学会改变自己的不良习惯和生活态度，那么不用太久你就会发现，原来希望就在转角处，美好常伴你周围。疗愈之后的你虽然依然面对的是同样的生活环境和生活问题，但你有了不一样的感觉；一样的面对，却是不一样的压力和感受；居住同样的房子和拥有同样的财富，做同样的工作和同样的人共事，却能够在自己心中常有知足、安宁和快乐。一个内心常有爱和宁馨的人，在爱别人、爱世界的同时自己也是非常非常幸福的。

所以，疗愈是人生“由里到外”的一场“革命”，它的作用就是让你发现美好、选择快乐、拥抱幸福。它是你改变生活和改变命运的一把金钥匙。改变和改善命运并不难，超越只在一念间。

# CHAPTER 12

## 过去 现在 未来：一个澄静美世界

生命中的渴望叫悸动
生命中的期盼是奋力
生命中的欣喜露出微笑
生命中的宁静是澄碧

终有一天
你我会告别喧嚣
走进自己美的世界
听万物
和着心音
低声吟哦 开怀歌唱

过去，现在，未来，你只能生活在当下。

无须犹豫和彷徨，现在就投身到火热的生活里，浇花、剪枝、扫落叶，买菜、洗碗、倒垃圾，早点出门去上班，晚上回来捎个面包，腋下还有一束花，工作不好换工作，马桶脏了就刷刷，周末时跟老爸老妈吃顿饭，空下来的时候，跟朋友聚聚，喝杯加了柠檬味道的新啤酒——生活就是这样，这样的生活还将源远流长。如果你心里少烦恼，你就会觉得，现在的生活比爷爷奶奶爸爸妈妈他们那辈儿好。

拥抱生活吧，享受你此生的美好。

不然呢？

## 活在当下

把握现在，享受当下，才能开发快乐和幸福的最大值。

每个人都有自己的昨天、今天和明天，对于过去、现在、未来每个人也是持不同的心态和看法。怀旧的人，留恋的是那种发黄的温馨，他们会从过去的好时光中反复回味，念念不忘旧日的美好，把回忆当成今日的温暖；把着眼点放在过去的人，虽然可以饱满地享受过去的美好，但是不足之处在于，现实总是在他们眼中过于冰冷，久而久之的偏重过去会影响人对现在的把握，漠视眼前，思维就会凝固并且越来越排斥眼前的事物，造成不能够平和地接受现实，与现实有些脱节。还有一种人习惯于展望未来，在他们眼中未来更完美、更具有吸引力，他们喜欢把现实中的缺憾和不理想都寄托于有朝一日会来临的完满未来。明天总是更美好的，因而不愿意也没办法改变现在的不如意。虽然回味过去和展望未来都会带给人或温馨或激越的快乐情绪，但是，怎样地面对自己的过去、现在、未来，才能够最大限度地保留和提升幸福感呢？最好的办法就是活在当下。

所谓的把握现在，活在当下，就是把着眼点放在今天。我们的每个昨天都是一种过去，过去的回不来，而尚未到来的明天又是一种未知。我们只能活在当下的此时此刻。所有的一切事物都是在当下发生的，关注于现在发生的事物才可以好好地去把握和及时做出调整，才可以最大限度地参与和改善事物从而提高自己对事物处置的满意度。有很多事情发生过后就无法改变了，如果没有专注于当下，等到当下的事物又成了历史，所有的不满足也就成为永远的遗憾了。而过多地把希望无目的地寄托于明天，多变的未来并不如想象那样容易把握，有很大的可能是目的落空。只有积极主动地投身到目前正在进行的事物中去，才可以保证，今天的踏实稳固是在构筑现在和明天的实实在在的幸福。只有当下是在过程中的，是可把握也可塑造的，是可以规划也可以真正实现的。时间是一条线，过去的无法弥补，未来又太过虚无缥缈，我们只要好好地把握现在的每一天每一刻，用心地去体验，认真面对现实，才可以认清当前的处境，才可以从眼前最容易实现的一件一件小事、最普通的一个一个心愿入手，一点一滴地铸造和完成自己现在想要、明天渴望的生活，构筑自己全然的幸福。

生命只有一次，一辈子并不遥远。把握现在，活在当下，可以让我们把每一个日子过得充实、欢愉、璨美如花。与其寄希望于空中楼阁或沉湎昨日的辉煌，不如尽情地品味今天的“小确幸”，让自己每一天都开开心心，有一些温情和美滋润心田，享受当下的玫瑰和眼前拥有的一切，让自己每一天都有意义、每一天都比昨天更好一些，在现在已经铸就的美好基础上梦想未来，那未来可能更容易梦想成真一些。这大概就是人们常说的活在当下的现实意义吧。不管怎样，“昨天属于记忆，未来属于神祇”，“两鸟在林，不如一鸟在手”，梦中的凤凰和空中的飞鸟毕竟不属于现在的你。拥抱你现在拥有的一切，那是实实在在的一份随手可取的快乐，而当下的每一天积累起来的数不清的小快乐，将汇聚成你充盈的一生大幸福。

## 体会 体味 体验：让生活充满“小确幸”

人生的快乐有许许多多。“洞房花烛夜、金榜题名时、他乡遇故知”作为人生的“三大乐”被源远流长地传颂。除了这令人陶醉的“三大乐”之外，还有大量的快乐和美好蕴藏在生活的海洋中，需要我们细细地去发掘、捡拾、体味、品评。

人活着是为什么？肯定不是为了工作。现在看来，很多人也非常清楚明白了，人活着显然也不是为了积攒财富；同样地，越来越多的人也正逐渐地看清楚了，虽然手中有权、头上有光环的日子很炫，但是，也不是真有那么多的人，会为了头上的光环、手中的权杖和身后的名誉将一生押上。工作、权力、名誉甚至影响力等等，再加上金钱、财富，其实更接近于人生奋斗过程中的伴生物，就像是你进学校是为了学知识而不是为了成绩单一样——如果你是为了成绩单甚或是假文凭，那你还处于人生的相当低级阶段，尚未产生辨识力呢。

人生的意义可以非常非常的广阔而深刻，人生的形态可以非常非常的丰富又多彩。无论你怎样来度过自己的一生，如果要让自己活得充实又愉快，那么，最简单的方式，就是踏实地工作和生活，满足自己的微小愿望，品味自己点点滴滴的生活细节；以平和心态，看日出日落、四季花开，享亲情天伦、知心情谊，创工作佳绩，攀自己的高峰。当你可以平心静气不与人争锋的时候，天地便无限宽阔了，你的心也全然地自由了。此时再回首你的生活，无论是过去的点点滴滴还是未来的畅想，在你体味和铺排未来的时候，幸福、快乐都如影随形地与你同在。所以，善于品味当下生活的人，也是能够及时满足自己小小心愿当作犒赏的人；当你做到这一点的时候，你的世界宁静而优美，不一定大富大贵却常常有一种游刃有余的自如和丰满的自足，注定不会有那种对幸福和快乐的饥渴感。

## 放下！放下！

当我们年轻的时候，我们探索、追求；当我们一路走过一个又一个春夏秋冬的时候，峰回路转，回望来时路，会是一种什么感觉？

年轻的时候向往人生的绚丽，奋斗、努力、勇往直前、义无反顾。忽然一天，我们驻足，回头张望，扪心自问：这就是我走过的路？我现在拥有的是我想要的么？

不错，经过一路的追求和努力，你现在拥有了以前不曾有的名望、地位、财富、成就、荣誉和满足感；你知道这些年来你过得充实又紧张，现在，终于可以停下来喘口气了。你想盘点一下自己的人生，脑海中不由自主地浮现出一个问题："这辈子我还缺什么？我满意我的人生吗？"

想来想去，你觉得自己非常富足，富足到应有尽有，但最终还是觉得少了一样东西，那是什么呢？

有人说在人生的单行道上行走有点像爬

山。刚开始的时候赤手空拳，什么都没有，一张白纸没有负担，什么颜色画上去都是绚烂。然后，一笔又一笔的色彩开始往上添加：学位、工作，爱人和家；升了职、加了薪，当然，也有了压力、烦恼还有羡慕、嫉妒、恨——你对别人的和别人对你的。再然后你继续前行再接再厉，战胜了对手也战胜了自己，又收获了过去不曾收获的；这之后就走到今天了。你看自己像是在山腰上略作喘息的登山者：背后背着大大的行囊——那可是这几十年用全部心血和努力换来的！是上路以来渴望和期盼得到的个人总资产呵。你站在路旁一边观察一边思索人生的意义。离爬上山顶还有一段距离，这距离说长不长、说短不短，站在这个承上启下连接未来的点上，要怎么个走法，竟有些茫然。

那沉重是近几年慢慢地感到的——你心里说，慢慢地觉察出心力不逮，慢慢地怀疑这满眼的荣华不太像青春期的预想。你这样想着自己的过去，逐一地盘点、清空内心，逐一地对照思考，渐渐地竟有些弄明白了。一路来的炽烈追求和拼争，挣下了名声攒下了钱，养大了孩子供完了房，积累了财富也赚下了卸不下的累。在回头观望的时候，在房子、车子、存款、名声、地位、荣誉都有了的当儿，怎么会有这样的倦怠和怅然若失呢？难道这不是自己一直以来的奋斗目标吗？如果是的话，为什么在实现了自己的追求之后，没有那种多次预演过的兴奋激越的快乐？

——再次恭喜你！你不仅是个执着、努力的追求者、实现者，你也是一个智者和思考者。那时候的执着求索是正确的，这时候的盛年领悟也正当其时。

常常就听人说，放下了，心中坦然无牵挂；心，清空了，人就明了了。人总要行走到一个空明澄碧的境界去，才能够对自己进行精确的回味和评判——虽然有些人可能一辈子也无法走到那个点。

“中年震荡”之后紧接着人就“知天命”了。经历过20多年的风风雨雨，大多数人都有了丰富的人生收获，包括物质上的和精神上的。在憧憬、向往、了解了人生无常和体验了众多苦痛之后，一些人逐渐开悟了过去纠结的许许多多问题。虽然说这种开悟并不意味着是对自己先前所作所为的否定，但是却更加明了了从此以后人生的方向，以及，对于自己的身、心都适合的速度和方式方法。所以，没有什么可以让你幡然醒悟——如果有的话，那如果不是一番惨痛教训的话，可能就是多年生活积攒下来的智慧了。你开始让心中的千军万马安静下来，你不再应和滚滚红尘，在喧嚣的声浪淡静之后常能听到内心柔和的声音；生性的本真从物欲的遮蔽中浮出山水，一颗澄静之心，带来万物美景皆境界的悠然韵味。

你真的静下来了。从浮躁中走出来了。呵，原来这样啊，万般烦恼，皆下心头。这是一个自由自在的境界，这是一个宠辱不惊、得失无意的境界。没有了执着就没有了挂碍，没有了介意也没有了失意。放下时，原来是一种灿烂的解脱；放下了，即刻恢复了轻松；放下了，彼一时此一时，此时在宁静的归依中，遇到了心仪已久的诗意宁馨——那是多少人拥有了所有该拥有的东西之后才发现自己缺少的一样无比珍贵的东西呀。只有内心的宁静，是繁复人生中最后的、最完美的归依。

真是千般烦忧，皆下心头。当一切挂碍拂去卸下的时候，人才明白，人活着原来就是要个简单、自在。

与其继续忍受折磨，不如就此放弃；在人生的某个阶段要开始学习做减法。学会放弃，放弃那些终身累，学会知足，得到心中常喜乐。这是人生的一种大智慧。

今日始明白，烟花璀璨，但终将归于平淡。人生亦如是。

当你的人生步入一个你感觉沉重的阶段，也就是你走到了该减重的那个节点上。人生就像抛物线，上半部分是动力推进式，下半部分是自由落体式；上半部分需要你蓬勃向上、勇猛执着，下半部分需要你调节速度、减重减负，以保证自在着陆。

及时转换心态和人生策略，就像车子在高速公路上的行驶一样，最终还是要寻找出口减慢车速转入乡间小路才能抵达自己的家园。放下，是人生的一个更清澈的层面，那份了然、颖悟和解脱、自在，是千千万万已经从这个阶段走过去的人智慧的选择。

所以，研究报告上说，经过了 44 岁的人生快乐谷底，人就会越活越快活。我想那是因为那些知道和珍惜眼下快乐的人们，都曾经穿越过重重迷雾和烦恼，跨入了他们人生中的那个令人欣喜的叫作“澄净”的美好世界。

## 现在就出发：发现世界找回全然的自己

曾几何时，办公室和家的魅力骤然暗淡，四面墙变成了囚室。人心思动，足尖朝外，“外面的世界很精彩”，且不管它无奈不无奈，每个人的心都向往往外飞，每个人的脚步都希望在路上——旅行，俨然是今天最热门的流行生活方式。

不是说“在家千般好”吗，人们为什么又要赶在路上？

有人说，旅行，那是在寻找自己，那是开

发生命的意义。

过去，旅行是有钱人的奢侈；现在，是工薪一族不求终身合约，廉价航空低过火车票的年代，旅行对众多的人来说，与其说是口袋里钱多不多的问题，不如说是你要不要放下一切行走在路上。旅行，被现在的人们看作一种身心的释然和解放，是一种心的出走和灵的追寻——即便是公司底层、家庭主妇、莘莘学子和实习生，他们若要愿意亮一亮宝、数一下到过的滚烫的地名和见过的无数风景，还是会让许多没有过如此体验的人大跌眼镜的。“背包客”的队伍里没有金钱、地位、阶层、性别之分，外出行走，就只需要携带一颗热爱的真心。

是什么可以让你放下手头的工作、离开温暖舒适的小窝，背起行囊敢走走世界？是什么，又让你万丈豪情、莫道征程远，去寻觅探索本真的自我？旅行究竟有什么吸引力呢？

也许最初的脚步迈出只是几次家门口的踏青和郊外的远足，也许那次不得已的出门只是因为心头的别扭出外散心。不管是节庆时分的快乐小游还是为了逃避生活的沉闷，当脚步踏上旅途的那一刻起，你实实在在走在路上的脚，已经触动悠悠扬扬驿动的心。

在疲累无力的时候去看大海，会感受到温柔的力量起伏；在浮躁的时候去看湖泊，会收获秋水的宁静；年轻人喜欢后半夜就登山，在黎明的山顶感受自己朝阳一般喷薄而出的活力；历经沧桑的人坐爱枫林尽头，聆听暮鼓遥看云霞，感慨夕阳无限好。这一切都不会发生在四面墙里，走出去的天地不仅宽阔而且声色形意无限美。

——也许还不仅仅限于路上。世间万事，该动人时自有动人处。不过，在路上，在旅行中，人可以摆脱枯燥、繁琐、教条式的往日生活，重新发掘生活的意义。出走，是为了寻找一种非同以往的感受，暂时的离开，是为了回来更好地活着。

——也许出走的时候，是为了寻找另一种寄托。在走过了万水千山之后，得到的却是一种超然的释放。在旅行中很多人能感受到自己的成长，于别人的凄苦中体会自己的甜蜜，在山野的贫瘠中回味已经拥有的幸运，在别人的幸福中找到自己的不足。独自一人的旅程中，有机会和静默的自己深入交谈，有时间让自我沉淀，更有可能在孤独中提炼、感触和领悟。旅行或许不能给你一个答案，却能改变你原有的想法和态度。

——也许出行之前，你想要的是一个完美的世界。在看过了最美的彩虹、最壮观的风景之后，感动你内心深处的，却是同行的一个人、途中目睹的一件事、读到的墓碑上的一句话以及盛放在荒野的一丛野花。在旅途中，人可以更快地接近现实，可以更愿意改变自己。一些人在旅途中越走越孤单，一些人却是越走越丰富；可以感受到自己的渺小，也可以拓宽自己的狭隘，还可能惊诧自己以前的画地为牢和故步自封，于蓦然回首中，发现真实的自己，完成对自我的体认和再探索。

——每一次在路上，你只是想看到南极的冰川和北极璀璨诡异的极光，你只是想品尝法国的蜗牛和意大利酒庄里的红酒，却不期然——你遇到了北海道执着的农夫、西班牙海滩上的渔人和北非沙漠里饥饿的孩童。世界给你的总是比你想要的还多得多。旅行中原本的走马观花变成了看不同国家风情、了解不同民族民风、尝试各地风味美食、体验特异民俗文化的一次“头脑大冲撞”。当眼界开了的时候，心扉也随之打开；你感慨世界原来如此之丰富，原来人们可以这样地过活；你发现过去你不能接受的现在可以理解了，过去拥护的现在怀疑了，过去不屑一顾的现在你甚至可以用歌唱的心情敬奉它——当你的心柔软下来的时候，世界是最美的。

旅行，确实有种种神奇的作用，它既可以增长你生命的履历，也可以拓宽你生命的厚度。

走出去，世界的确精彩。这种精彩，不在

于你看到多少美丽的风景，不在于你参观了多少藏有绝世珍品的伟大博物馆，不在于见了多少人和造访过多少名人故居，而在于世界在你的旅途中给予你的那些潜移默化的影响和心胸舒展，那些路上的营养是你在剩下的生命时光中消受不完的。不经意间，你被世界诱惑了；不经意间，你被旅途磨砺了；不经意间，你被人生的丰富和美好震撼了。在你行走的旅途中，在一个必然遇见的生命契机上，你，遇到了最好的自己。

如果你从来不走出去，你不会发现这些。你会以为，你眼前看到的就是世界的全部，你所在的地方就是世界的中心，你心中脑中存在的，“就是”你生活的世界；你站在自己的池塘里，顶着头顶上的那片荷叶，认为天就是仰头看到的那一片；你不启程，永远都不会知道，前方，有多么博大美好，蕴藏多少曼妙的玄机。

旅行能改变什么吗？它不能改变你每月要付的账单，也不能改变你枯燥的工作和面对的麻烦上司，同样，不能改变你啰嗦的配偶和叛逆的小孩；不过，旅行回来的你，心态会松动，你会有新的视角和产生略微不一样的处事想法，世事万物似乎未变，世事万物又似乎是有所改变，究竟是谁改变了谁呢？

我不知道——你需要自己去找答案。我只

想告诉你的是，不管你出发时的本愿是什么，旅行吧！到一个陌生的地方，去一个陌生的国家，把自己当成一个陌生的人，背着行囊到一个全新的空间，用不带任何颜色的目光，不预设任何立场，敞开心扉，迎接所有的到来；吃当地人的食物，跟当地人聊天，看当地人过日子，听当地人唱歌，了解当地的文化，用他人的视角看问题，把自己和自己身边的事情、心里的烦恼都忘了吧。忘记时间，忘记地点，忘记自己的年龄甚至性别，忘记自己这个人来与他人和新环境融合，去欣赏，去感受，去体验，去接收；想象着他们就是你你就是眼前的他们，然后，你会十分清楚明白，此时此刻，你究竟需要的是什么。

旅行，真是一种绝妙的体验呢。怪不得那么多的人都挤在路上，怪不得有那么多有关旅行的真知灼见，他们说：

“在旅行中发现自己！”

“读万卷书不如行万里路。”

“旅行，是人生最有价值的投资。”

“旅行，是另一种意义的人生。”

他们说，最美的风景永远在路上……

他们还说，旅途中的人是快乐的——

嗨！他们甚至说，旅行中的人不生病！！！

呵呵，还犹豫什么？上路吧，东南西北起步走。增知识、长见识、愉悦自我，寻找生命的真谛；如果要寻找你生命中的快乐和幸福，在路上的磨砺可以让你更快地找到自己。

Ok，等你回来的时候，告诉我你是怎么说的。

## 让爱生长看爱开花

爱，是世界上最美好、最珍贵的礼物。

无论你是施予者还是接受者，都如此。几乎没有人可以拒绝爱的。

想要得到爱，是世界上最多人的渴望和梦想——虽然他们多多少少都已经得到一些了，但是，每个人都在心底深处继续深情地呼唤：给我爱！多一点！再多一点！爱是一种多么神奇的东西呵！

之所以这样，是因为我们每个人都离不了爱——空气、阳光、水是生命的三要素，但是，爱，是心灵的动力源泉。没有爱，我们来到世上的每个人过的是一种什么样的日子，那是再有想象力的人也无法想象的。我们只是知道，爱是在我们诞生的那一刻起就环绕在身边的，首先是感受到护士温柔双手的接引、洗礼、包扎，然后是感受母亲温暖的胸怀和甜美的乳汁，再然后呵，一步一步成长中，时时刻刻无处不在的都是围绕在我们周围的爱呀。离了爱，谁能够活下去？

这大概就是堆积在我们心底的原始渴望吧。所以，在此之后的人生道路上，每当遇到艰难险阻，或者是心理的低潮期，再或者也没什么具体理由，我们就是想得到一些爱和关怀，想重温一下被人爱的温暖，想在爱的环绕中放松一下紧绷的神经。——当然，另一个方面，当我们心中有满满的爱时，它也会自己溢出来，我们会主动去爱别人，去爱小动物，去爱小花小草。有爱的人常是欣悦的、柔软的、温暖的，就像早晨的曙光那样的动人；被爱的人常是幸福的、欢乐的、满足的，就像春雨后的泥土那么松润。一个爱的眼神，一个爱的微笑，一份小小的盛满心意的爱的礼物，就会让被爱的人感觉到在天堂了。

我们谁也离不开爱。

我们都想得到爱，得到很多很多、更多更多的爱。

那就感恩吧！仅仅渴望和幻想并不是得

到爱的必要条件。在得到爱之前，你必须先值得爱。你必须先懂得分辨爱和感受爱，你还必须要学会珍惜爱，这样你才能享受爱。如果你都不能明辨什么是爱，当爱降临时，你会与它失之交臂；如果你不会感受爱，爱在那里的时候你也无从发现；就算是你得到了许多别人的爱，你不知道珍惜，也不懂得以真爱来回馈，那么，那些爱慢慢地也会淡漠和消失。珍惜是发自内心的感动，是一种由衷的维护，它让人真心呵护自己拥有的，不会去怠慢也不会去浪费和挥霍已经拥有的宝物。珍惜之情让人深深地感动着命运的眷顾，加持好运在己身，施施然而感激心动。

懂得了感恩的人，通常紧接着就懂得回报了。“谁言寸草心，报得三春晖”，当我们接受过别人无法衡量的爱的时候，总有那么一天，像天空降下一缕阳光一样，被爱照亮了的心底会产生一种冲动，那是一股更为强大的爱的力量，它促使我们张开怀抱去爱那些需要我们爱的人和那些值得我们爱的人。只有足够富足的内心才能产生爱别人的宏大力量——当我们只是在渴望被爱的时候，我们想到的只是我们自己；当我们去爱别人的时候，那个“小我”隐去了，却有一个无形的“大我”屹立起来了。

总有那么一天，我们曾经渴望爱的心张开

臂膀拥抱别人了。那是一个人成熟、通透、睿智的标志：以索取变成奉献，以回报代替得到。爱别人，让我们心宽；爱世界，让我们眼阔。当我们用爱来回馈这个世界和他人的时候，你觉得会怎么样了呢？也许每个人的感觉不一样，但是那么多的人已经在身体力行了，他们说，当他们爱这个世界、爱他人的时候，收获的是无与伦比的强烈的美好——一种从来都没有体验过的无限欣悦的灵魂的快乐。

人活一世，我们有许多东西需要学习，其中最重要的，就是爱、感恩和回报。有人说，一个人一辈子至少要做一次慈善，要从给予和奉献中完善自身。这大概就是世界上无数的大企业家、慈善家如比尔·盖茨、巴菲特和李嘉诚等等最优秀的人倡导并身体力行的最有意义的人生大事吧。

如果你感到不足、不满和空虚，如果你想做一件人世间最美好、最有价值、最让自己快乐的事情，试一试去爱、去奉献、去给予吧！



## 活力再生：你就是生活艺术家

如果说相信长生不老，那简直就是相信童话可以成真。那么再生呢？你相信人可以再生或者部分再生吗？

躯体的死而复生很显然是极偶然的个案，狂热一些的富豪有花大把银子要求冰冻尸体等候科学再生术的诞生，但一般人对此也就大笑了之。而若是讲到细胞再生、部分器官再造，不仅医学界的专家痴迷，患病的大众也翘首以待——还好，再生的话题并非痴人说梦，小耳造出来了，软骨也培植生长了。对于人类来说，体内的细胞是每天都在新陈代谢的，而最让我们啧啧称奇和受益的，无外乎人类的肝脏，割除2/3不仅可以存活，还能生长出来新的部分弥补缺失，这是因为肝脏具备再生功能。

如果肝脏可以具备再生功能的话，那么，人的活力与精神的恢复那就不在话下了；而重焕生机、像换了一个人似的活着，不仅是可以接受的而且是令人期待的。

你必须赞美造物主的神奇和生命的难以想象的强度、韧度和复原、再生能力。

因此，无论你现在是哪个年龄段的人，无论过去你曾经经历过什么样的不愉快经历和伤害，如果现在你想透彻了要过一种精神上自由自在和快乐的生活，那么，自我疗愈可以帮助你重塑自我和活力再生。

佛家认为，生老病死，万般皆苦。任意找一些有年岁的人聊聊，你会发现，十全十美的人真是难寻，人生不如意者十之八九。但是，即便如此，还是无法阻挡人们笑呵呵地迎接自己的那份专属的命运和磨难——或许是幸福呢？也未可知。早在古埃及的时候，人们已经发现通过音乐可以缓解疼痛，中国的《黄帝内经》也有“五音疗疾”的文字记载；现在的报纸网络上经常出现绘画疗愈、种植疗法、动物疗法、心理工作坊等等多种医学辅助治疗方法。不管是哪种方法，目的都是帮助人们有效地放松下来，转移关注点，减轻焦虑，增加趣味性，从各自有益身心的轻松活动中提升人自身的内在生机，从而达到医病医心、消减苦痛、延缓退化、激发活力的目的。

——当然，你完全可以更加超前一步，不要等到病来如山倒的时候才治病乱求医。如果你了解“上工治未病”的概念，那么，从现在开始就运用在自己的生活中：第一，尽量让自己不生病；第二，如果生活中实在有一些难以避免的冲突、逆境和不顺，那就自己拯救自己、自己疗愈自己吧。随时随地地运用你逐步学习和积累的知识和人生经验，为自己疗愈身心——世界上最好的治疗，莫过于你自己在自己熟悉的生活中，用自己喜爱的事物对自己进行情绪、身体或心灵上的康健复元；换言之，用喜爱的任何艺术形式进行的身心平衡、情操陶冶和内在创伤疗愈，胜过任何医院高科技和仁慈和蔼的医生所进行的正规医学治疗，其成本、自体感受愉悦程度、身心副作用和疗效都胜于后者——当然，您如果真的已经确诊为某种严重疾病，还是要严格遵守医嘱，尽快治疗的。任何疗愈的功效都只是防病于未然或缓释心理积压的一种生活辅助，正如你知道的一样，任何减压不等同于疾病治疗。

如果“野火烧不尽，春风吹又生”是一种无法阻挡的生命力，那你要相信我们人类具有像其他生物一样强大的复原力。无论你是一张白纸似的涉世未深的阳光少年，还是饱经沧桑遭遇过坎坷的资深老将，自你看到这本书开始，请记住“治未病”的自我疗愈概念，一点一点地学习它、实践它并且用你的经验丰富它，让它成为你的心灵朋友，让它伴随你一路走向美好。

不管你的过去有多么美好，也不管你的过去有多么糟糕，生活在每个人的心中既投下过阳光也留下过阴影；过去的一如江河日月，过去的就让它过去吧！昨日的美好和不美好都不可预留下来，不如把握当下，从现在开始，给自己一个轻松快意的自在人生。用自己对自己的悉心，关注自己的精神，接受目前自己的全部，爱自己、拥抱和温暖自己的内心，用大自然的优美和万物勃发的生机，疗愈自己、滋养自己，从此快乐地生活在自己的时日里。记得喔——现在就启动你的内在因子，激发你生命的复原力，拥抱那些属于你生命中的美好吧——哎！原本你就应该这么活哦。

# 附：欢乐大派送

## 快乐原来很简单
### ——40 个快速提升幸福感的方法

阿基米德说过："给我一个支点，我就能撬动地球。"追寻快乐和幸福是人类永远不变的目标，也是每个人最美的心愿。虽然得到快乐不是理所当然的，而长久地拥有快乐、长远地维持快乐和保有幸福心境就更不容易了。幸福和快乐是这样美好，美好到人人都想要，并且想时时刻刻、永世拥有，这是梦想还是贪心？人们究竟能够拥有多少幸福和快乐？这个问题恐怕无法回答，因为财富是可以计量的，而幸福和快乐却是无法计数的，它是上苍赋予人们的美好，是人生的无价之宝。渴望和追求幸福的路，人类还要走很远很远。

人生是条单行线，因为人生苦短，因为人生会一去不复返，因而热爱生活的人会倍加珍惜幸福。如果我们可以像酿酒一样酿造和发酵幸福那该多么好啊！虽然到现在为止这种"幸福酵母"还没有被发明创造出来，但是，口口相传的经验和愈来愈多的研究、探索，还是为我们提供了多种多样的选择和方法。借助于这些研究成果和科学方法，调校自己的行为、心态、情绪和观念等能够引发自身改善提高的内动力，细化自己的感知、感觉，做到让自己活得更快乐更幸福，是不难做到的。

“没有最好，只有更好。”人生亦如是。如果你可以像研究开发生产线、试验新产品或者像玩游戏打通关一样下功夫审视自己的快乐和幸福的话，呃——我是说，如果你真的很看重自己的快乐、下决心要做个幸福的人，那么，幸福应该不难找。

想想看，如果人生路上艰难困苦的日子都挨过来了，快乐和幸福应该更简单——之所以感到幸福之不易幸福之难得，那是因为人大多习惯了不快乐和不幸福的思维方式和行为模式，换一种方式做对的事情，你的人生应该会逐渐地朝向终生且稳定的幸福迈进很大的一步。记住，幸福是自己的一种选择，不是上帝和任何人给你的施舍和赠品，如果你要做一个幸福的人，那不是任何人能阻挡得了的。

古往今来，人们源源不断地追寻快乐和幸福，千百年来积累下来不计其数的“找乐子”的方法，那些方法都很有效，效果持续长短不一——当然，你可以继续钻研、不断开发，直到让自己时常被欢乐环绕、心存幸福为止。

以下所录只是一些非常非常简便易行，人人都可以轻易做到的提升快乐度增强幸福感的

40 种常用办法——欢迎你提供更多能够带给人幸福和快乐的独门秘笈。我想说的是，幸福原来这么容易，去做了，自然能够得到。记得喔，开心其实很简单。

芬尼祝你更快乐、更幸福！

## 1. 笑

不管是怎样的一种笑，开怀大笑或者颔首微笑，抑或是仅仅摆出一个类似于笑的动作——心理医生们经常这样培训失笑者——像照相时说的“茄子”“Cheese”，或者，咧开口唇做出发“Yi—”的口型以及用牙齿咬着一支铅笔对着镜子的练习；这些有的没的看起来没什么大不了的小把戏，统统可以有效地带给你心理情绪上的改善：借助于面部肌肉的牵拉带出脑中的意识，加上潜意识引导，指给你快乐的方向。

信不信由你，最有效的提升快乐的方式，就是由衷地发自内心的笑。

今天就开始练习吧！每天清晨一进浴室，洗脸前，先拿出 10 秒钟对着镜子，专注地凝视自己的眼睛，然后，再拿出 20 秒，观看自己从嘴角抿起到咧嘴微笑再到露出 8 颗牙齿时的会心的笑。

刚开始或许会觉得略微有些滑稽，不过过不了多久，你就能明显感觉到自己情绪的提升。还是镜前的那个人，肌肉松弛了，表情柔和了，心情当然也像换了个人，慢慢地感觉到能够“飘”起来啦……

记住，每天给自己一个微笑哦！

## 2．运动

大家都知道运动会使人更健康，只有一部分人知道，运动会使人更快乐。

这是因为，运动可以立即加速心跳的速度，加快血液循环，你可以即刻在运动中感觉到活力的涌动，在张弛间体验紧张和放松。运动加强人的新陈代谢，对解除疲劳有良效。

还有很重要的——运动时大脑会释放一种化学物质叫内啡肽（endorphins），这种化学物质会让人感觉心情愉悦，还能减轻人的痛感和提高人体的免疫力。这就是为什么喜爱运动的人会对运动上瘾，并且看起来爱运动的人都比较开朗和阳光，而不仅仅只是外表上体格的健壮。

还愣着干什么？赶紧为自己选一种喜爱的运动方式吧！跑步、打球、游泳、跳操、自行车……什么都行！记得坚持下去并且不要运动过量哦！

生命在于运动，运动还产生快乐。不仅健身，而且健心。

### 3. 听音乐

人类从古代的时候就掌握了音乐这个秘密武器，从草笛、石块到钟磬瓦缶，再到现代庞大的乐器阵容，乐音、节奏、旋律，尤其是古典乐曲和无词的优美动听旋律——像电影主题音乐等，常常令人倾倒、着迷，给人以莫大的享受。

听流淌着的音乐，心情会随之激荡，手之舞之、足之蹈之，乐感牵动神经。之所以会让人如此入境，是因为听音乐的时候，人的大脑就开始分泌多巴胺（dopamine）。这是种增加快感、感受愉悦的化学物质，也是一种让人产生冲动、上瘾的化学物质。

很多人以听音乐来放松身心和平

复情绪，并从中体会那种难以形容的飘逸的美。记得选择轻音乐、古典音乐和无词的优美动听的音乐哦！那些很吵或者很闷的就免了罢。快乐的心需要快乐的旋律。

### 4．跳舞

舞蹈和心情有关吗？当然！“高兴得手舞足蹈！”我们常常这样说。

手之舞之，足之蹈之，听音乐的时候会引发人舞蹈的冲动，真的跳起来的时候，舞动的不仅仅是手足，是高扬的心情。

跳舞确实可以让人非常非常的快乐，这一点爱跳舞的人都知道。因为舞曲都是富于动感和节奏欢快的，跳舞的时候，不仅有优美的旋律伴奏，还有各种舒展的动作，人在跳舞的时候，调动的不仅是听觉，还要专注自己的动作，和着节奏，舞出优美的身姿并结合适当的表情。在运动和音乐双重作用下的舞蹈，产生的愉悦作用也是大于单一的运动和音乐的，怪不得人们形容舞者们迈出的是“幸福的舞步”呢！

——呃，第三重愉悦可能是身边有个漂亮的舞伴喽！

舞两步试试？

## 5. 唱歌

唱歌为什么能够让人眉飞色舞呢？因为唱歌是和着音乐的诗歌。

唱歌是一项让人十分快乐和受益的活动。它非常普及并且大众化，即便是唱不好也可以哼几声小调呢。很多时候，唱歌是自发的伴随动作，在插秧的时候唱插秧歌，在山里唱山歌；放羊娃牧牛童唱牧歌，年轻人唱情歌，连织布的老妪也要哼哼几句——不过这些只能在电影里看到，我们现在基本上都不唱了——除非在卡拉OK里K歌。

唱歌的好处不仅是让人兴奋和快乐，据说还能让人长寿。据统计，歌唱家中多为长寿者，寿命比普通人长20年。原因是唱歌是一项“有氧运动”：经常唱歌使人胸肌结实，肺活量大、心跳有力。医学上分析唱歌可以提高人体的免疫球蛋白A和抗压激素；据观察，那些在浴室忍不住高歌的人基本上都是乐观派。

除此之外，人们说害怕的时候就唱歌吧，看来歌声还可以壮胆。那就唱吧，管它嗓子五音全不全、像不像破锣呢，今晚就在浴室里吼一嗓子？

## 6. 聊天

“话是开心的钥匙。”我们人类就是用语言打开别人那道看不见的心扉的。

人人都要说话，有人是“碎嘴子”，有人是“闷葫芦”，不管说些什么，谈天说地、评头论足、插科打诨、表情达意都需要用说的。有时候用的是毒舌，有时候需要甜言蜜语，有时候发出糖衣裹着的炮弹，也有时候斗的是唇枪舌剑。不管怎样啦，工作的时候动手，聊天的时候动口——据说聊天的快乐等同于鸟们吃饱后在枝头上用喙整理羽毛的快乐。

聊天，不仅仅只是谈心，我们还聊八卦，并且聊八卦的时候比谈心时的快乐指数高，更比谈工作时劲头大。聊天本身有一种放松和闲暇的味道，有种午后喝茶的轻松感。虽然有些七大姑八大姨不着边际，但是，这种爱聊琐琐碎碎却成就了女人的寿命比男人长8年的重大事实。

聊天聊出了什么？聊天又使人得到了什么？不如你煲一段电话粥亲身总结一下？

## 7. 拥抱

拥抱是人类身体语言中一项重要的内容。拥抱可以消除沮丧、减轻疲劳，拥抱可以安抚情绪，为身心注入活力；更重要的是，拥抱可以让人感受到被关爱、不孤独。

英国《每日邮报》报道说，每天一两个拥抱的保健作用胜过吃一个苹果。拥抱可以有效地减低压力、缓解抑郁，可以改善社交技巧和增进互信；拥抱产生的积极情绪体验所带来的一系列生理心理反应，既可以降低血压、降低心脏病的风险，它能产生温暖感和安全感，也是创伤疗愈中人们最需要的。

真情的拥抱胜过黄金。婴儿每天需要至少16次拥抱，没有母亲和亲人们的爱抚，婴儿就不能健康成长甚至存活——当然我们成年人也需要拥抱哦。在所爱的人的怀抱里，千言万语化为温暖的理解和支持，世间还有什么能比得上艰难时刻的一个温情拥抱呢？那种暖心非语言可以表达。

——上一次是谁给你的拥抱？你是不是想要一个人温暖地抱抱？

## 8. 独处

想要热闹你就走到人群里，想要幸福你也要学会独处。

人是群居动物，很多快乐都是来自热闹的人多处，“独乐乐不如众乐乐”，大家在一起的时候，快乐自然也众人拾柴火焰高，群情激奋，感染力很强。

在人群当中可以产生很多快乐，也可以产生很多烦恼。必要时候的独处，恰恰可以远离尘嚣、远离困扰。独处是一种自我放逐，选择独处大多数是一种自愿；它不仅可以有效地隔离烦恼，免除纷扰，更可以提高人对孤独、压力和依赖性的调试能力，还可以增强自主能力，让自己随心所欲。一些习惯于独处的人甚至可以激发自己的潜能，享受身心的充分休憩和内在安宁。“一个人的时候，可以做很多很奇妙的事。”得道者如是说。

——当然，如果你想要享受宁静中的欢乐，你必须先学会独处。只有在独处的时候，你才能听见你的心说些什么。

## 9. 放空

放空是一种专注的无意识。

之所以感受不到快乐，有时候是因为太沉重太麻木了，一颗心超过了承受的界限；有时候则是因为太多纷扰太多杂乱，于乱象中无从选择。当自己的心失去感受力的时候，最好的解脱办法就是放空，“跳出三界外，不在五行中”，暂时将一切排除出脑海心房，以空白颐养身心。

“此时无声胜有声”，放空可以十分有效地转移烦恼，让处于纷乱繁杂、过劳的身心恢复宁静。因为是自己在调动心力，凝神于一无所有，把脑海清零，“移出”所有的烦乱纷扰，这种方法可以在短时间里让大脑释放所有的沉重和压力，得到必要的放松和休息。

放空不仅可以减压排扰，还可以提高创造力和记忆力。有意地使自己处于空白状态是一种专注力的锻炼，在自由的收放当中，你可以体会脑力的增长。

当纷扰远去的时候，快乐就会来敲门了。

## 10. 回忆

回忆就是重温旧事。

今日的事情终将化为明日的回忆。生活中有许多快乐的瞬间，也有许多痛苦的时刻，回忆和展望构成了我们脑海中的形象生活。但最终促使人成长、回味的那些有意义的重要瞬间，成为温暖和滋润我们心田的春雨，成为此生记忆中不能泯灭的画面，在与我们相伴的时日里，时不时地重新浮现心头，成为此时此刻暖心的画卷。

不知道动物会不会有梦想和回忆，但是人类最精妙卓著之处就是具备这样的功能。那些值得回忆的人、事、物，虽然都已经是过去的事情了，但是一旦想起，又会再一次滋润在心头，而且，比当初发生时候的感觉更为强烈。被唤起美好的回味，即便只是联想，同样会对我们的身体带来反应。比如，“望梅止渴”想到梅子口中即有唾液分泌，想到过去发生的美好瞬间，也足以令人再次体验幸福。

所以，人是回忆的动物。回忆是人幸福的重要源泉。老年人可以用很多年去回忆过去，而回忆也可以让时光倒流，可以重新咀嚼过去很多年的人生精华。回忆可以捡拾美好，可以鼓舞自己战胜眼前的困苦逆境，激活正能量。因此，人们常常会“用回忆取暖”。

## 11．不想太多

“该吃就吃，该喝就喝，有事别往心里搁。”这劝人又被人劝的顺口溜，就是劝人不要钻牛角尖，不要想太多。

人是个会忧虑的动物。有危机感和忧患意识本身是件好事，它让人具备一种警觉性，是一种保护性反应，警醒的人可以避开危险和灾难。

但是，有时候好事变坏事。如果

说适度的担忧可以作为未雨绸缪的预备的话，那么过度的担忧就变成了杞人忧天——虽然现代人不再担心天会塌下来了，却是有许多人因为想得太多而平添烦恼。

心理学上一个例子证明人们的忧虑80％都不会发生；同时，“幸福是比出来的”这个观点也反证了比较太多、想太多出烦恼。胡思乱想就越疑神疑鬼，越斤斤计较就越摆不平自己和他人，自然也就越找不到幸福。人只需要用心地充实地度过自己的每一天，反复思索和想太多会让人敏感和过度防卫，带来心理负担及放大个人情绪。

快乐和忧虑本来就是反对党，你选哪一方？

## 12．睡眠



睡眠不仅只是休息和恢复体力，还关联到快乐和养生。

不错，人人都需要从睡眠中恢复精力和体力。睡眠充分的人，精力旺盛，面带红光；睡眠不足的人疲倦乏力，面色晦暗。睡眠好不仅精神状态好，而且记忆力强，创造性、灵活性也相对较高；睡眠长期不佳的人不仅损坏体质，在情绪方面也容易失控，容易发怒、烦躁、出现行为障碍、行动力下降以及更大概率发生意外。

所以，饱睡是一种养生良药，具有美容、减肥、益智的功效，同时，足够的睡眠还可以保持情绪稳定、维持快乐感觉，减少暴躁、沮丧和情绪低落。

“睡出好人生”同吃一样重要。在天天面对繁杂琐事又讲求高效率的今天，很多人克扣自己的睡眠。其实，饱足的睡眠是一种生产力，在大脑充分休息之后焕发的活力之下，效率和创意都远远超越熬夜的质量。

“辗转反侧夜不能寐”和“舒心安眠高枕无忧”哪一个更快乐呢？

## 13. 宠自己

被宠爱是一种幸福。

在我们还是孩子的时候大多都十分得宠，多数人受到过来自父母家人及师长的宠爱。宠爱中调和着另一个人对你的呵护、关注和喜爱之情，受宠者倍感温馨甜蜜，幸福之情往往也感受于心而溢于言表。长大以后，渐渐地，很多人就失去了多数的宠爱，一方面是自立之后责任心的增长，另一方面，宠爱的范围也被划定为幼儿及特殊关系才能继续。对于成年人来说，“得宠”似乎不容易。

虽然我们已经成年而独立，但是，心底深处还留有受宠的余温。与其怀念不如实践，无人邀宠的人其实可以宠一宠自己。作为现代社会生活中赚钱养家的工作机器？呃，不，机器也要加油和维护，生活在现代社会的倍感压力和无聊的工作人士总是被叮嘱需要学习“宠爱自己”的有关方法。

很简单，会爱自己的人才会更好地爱别人。现在，家庭越来越小，独立是迟早的事情。为了现代生活中的减轻压力、寂寞和孤独感，学会宠自己，是为自己开了一个心灵加油站。宠自己可以很多样化，可以是普通层面的吃顿美食或者买件心爱的礼物，可以是旅行和其他形式的心灵放飞，重要的是，你必须学会负责任尽心尽力工作之后的善待自己。

所以，接受当下自己的一切，不

勉强自己，不苛责自己，爱护自己的身体，经常地赞美一下自己。爱自己是一种正能量。在真爱淡薄稀少的今天，你必须学会爱自己。

14. 写作

写作可以带给人的好处超过你的想象。

写作是一种内心的抒发。现代生活压力大，人际交往越来越被网络替代，孤独感如影随形。从浅表层面来说，写作可以梳理思绪，计划、管理和记录日常生活，整理内心、排遣情绪；另一方面，写作是一种表情达意、激发灵感、开拓创造力的一种艺术。

写作带给人的，不仅仅只是打发时间、记录一下生活的流水账，而是一种身心参与的精神过程。对于专业作家来说，写作是工作和创作，具备满足感和成就感；对于普通人来说，手写我心，是自我整理和展望、回顾，这里面所包含的沉静、思索、计划和重温等各个心理过程，无论对于一般人还是压力、疾患一族来说，所产生的内在心理意识的流动梳理，恰恰可以提升思考力、增强记忆力、舒解内心和疗愈创伤。写作是一个人的心路历程，是一种很好的内修，也是一种最安全的抒发和自我对话。这是你的心跟世界的一条沟通渠道，是许多人释放自我的有效方法。玩文字的人永远不寂寞。

你书写，你轻松，你快乐，保持美好。

### 15. 绘画

笔墨丹青，异曲同工。

绘画和写作在提升人的快乐方面效用同样卓著。写日记和涂鸦画画现在都是治疗情绪紧张、缓解压力、打开心扉和减低抑郁的医用辅助疗法。

与写作相比，绘画需要稍高一些的技巧和更丰富的想象力，书写内心则相对简单。绘画用色彩和线条、图形描绘内心，通过右脑的无意识抒发，是更深度的自然体会和直觉性表现，它可以更有效地提升大脑的敏锐度、灵活性，更自如地流淌自我，提升知觉。

写作用文字表述，锻炼的是左脑

半球。左脑被称为“言语脑”，右脑被称为“图像脑”，右脑的形象思维对人的感性方面的建设，相对于左脑的理性思维，更有益于情感的宣泄和抒发。

提升知觉，更丰富地感知幸福，那就多涂涂画画吧。

## 16. 园艺

种花种菜，除草翻土……那是农夫的生活——现代社会尤其是城里人羡慕田园生活，就只能在电脑上“偷菜”了。

“采菊东篱下，悠然见南山。”悠闲放松的桃花源式的生活很早很早以前就是人们心中的梦想了，只是到现在似乎更难实现了。理想虽然可望而不可即，但园艺还离我们很近。花花草草，鸟兽虫鱼，院子后边、阳台上，几尺泥土与绿叶的快乐是每日愉快的生长。

新加坡几家医院的楼顶上现在都专门辟出了一角天地让病患们摆弄花草蔬菜，为的是让他们松弛下来恢复身心。千百年来，人类需要跟自然和泥土亲近，园艺最接地气，也最放松情绪，还能多方调度人的动手、感知能力和创造性。跟花花草草们一起发芽、成长和盛放的，当然还有轻松愉悦的心情。

没有地种？那就在厨房的窗台上，用剪开的可乐瓶子，泡几瓣大蒜或者一截萝卜头吧，让萌发的新绿来牵动你的精神，让茁壮的生长来焕发你的生机吧。快乐不是天上飘下的毛毛雨，快乐是你自己栽培出来的。

## 17. 看电影

到电影院看电影说起来都是小时候的事情啦——不知从什么时候起，就换成在家里电视屏幕上和电脑、手机荧光屏上看电影了。

虽然还是能够看到电影，但家里家外的改变，让我们省了不少事儿却也减少了不少快乐。

到电影院看电影，这是我们过去"找乐子"的首要选择。当最不知道干什么的时候，那就去看电影！高兴的时候，要去看电影，不高兴的时候，还是看电影。当走进电影院的时候，买包爆米花，把一切交给一张票换来的一个多钟头，黑暗里，随着剧情的进展全然地忘记自己。当灯光亮起来的时候，心情也跟着亮了。

现在，大银幕环绕立体声的最新配置的电影院每个城市都有，最新的最动人最惊骇的片子也应接不暇。你不快乐是因为你总是囚禁自己在工作和睡觉的四面墙里。你多久没有走进电影院了？去买张电影票吧，让自己沉浸在一个想象的世界里，帅哥靓女，场景音乐，暂时隔离一下周遭的现实。

High一下下，乐一乐吧，做人不要太现实喔——

## 18．度假

看看那些外出度假归来的人吧！红光满面，喋喋不休，两星期还道不完度假的好。

是的，度假绝对能给你巨大的快乐和幸福感——尤其是到景色一流、风情满满的海外度假胜地。度假除了能让人迅速消除疲劳、一下子跳出日常习惯了的半麻木的环境去感受清新活力之外，它也能让你的大脑借助于慢下来的轻松日子恢复创造性和提升创意。

在一个新鲜的地方浸润几天，看到的、听到的、吃到的，连感受到的都耳目一新，其新鲜和兴奋程度，绝不是短短的三五天、一两周可以涵盖的。所以，就度假来说，值回票价的绝不仅仅是到一个地方看看景、休息两天恢复精力这么简单，它还能开启你的许多神秘节点。

不信？去试试高品质的度假吧，看看那对你来说是不是一种心灵的提升和快乐新高点。

## 19. 旅行

如果你没有走在路上，你不知道外面的世界有多美。

旅行是度假的加强版和专业延伸版。二者有相似也有不同。度假虽然也是走出去却更接近于休息，而旅行常常包含着主动的探索和寻觅。

旅行中少不了观光，但不止于观光。有人说，旅行是为了看见自己，寻找自我。观光中会看到平时看不到的许多风景，旅行则会在外面的风景中进一步拓展自己。在旅行中，万里征途上既是向外的探寻，又是通过所见所闻非一般的体验连接向内的省思。人们说，读万卷书不如行万里路，那是因为，在行万里路的时候，你才能突破书斋、地域、观念的限制，亲眼实证这个世界的新奇和奥妙以及校正以往的道听途说、产生崭新的自己。

所以旅行是超越风景的。或许刚一开始的时候你是为了风景出行，但是在用脚步丈量世界的同时，你践行着、生长着、更新着你自己。当每次归来，真切地体会到自己内在的成长的时候，你知道，你又一次超越了自己。还有什么，能比这种体验带给你更欣悦的感受呢？

旅行让你更深切地感知和比较多种幸福，也让你更珍惜眼前的幸福。

## 20．海滨漫步

人们发现，水岸边的漫步非常能够让人放松和减压，而并不仅仅只是浪漫。

所以不仅仅是在海滨，也包括湖畔、河岸、池塘等任何有水的地方，都是人们散步减压的最好场所。悠闲地漫步本来就是一种享受，不必为赶时间而飞奔，也不必像办公一样心头堆一堆杂物。闲暇时候才会到海滨散步，放下事务外头随便走走，才会在自由自在中有一个短时间的解脱。

并且，有水的地方就有风景，濒水的地方聚集着大量负离子。在“天然氧舱”附近无目的的、没有运动强度的自由漫步，收获的只有清新和放松。这就是为什么世界上最著名的度假胜地十之八九建在水滨的缘故。

旖旎风光，烟波水岸，芳草萋萋，水鸟斜飞。没有喧嚣，只有浪花拍打堤岸。诗情画意中，再多烦恼也随云烟飘散了。有事没事到水岸边走一走，神仙不知愁。

——今天你去水边散步没有？

## 21. 晒太阳

哈哈！谁不知道晒太阳呀！可以补充钙，还可以晒出健康好肤色。

还有呢？其他晒太阳的好处你知道吗？你知道晒太阳会晒出幸福快乐吗？

赶紧更新一下晒太阳的知识吧：

（1）阳光帮助人体合成维生素D，它可以帮助人体吸收钙、磷，使骨骼健壮；

（2）适当的阳光可以让人延缓衰老；

（3）杀菌灭病毒，提高人体免疫力；

（4）调节人体中枢神经，提高大脑血清素水平，缓解轻度抑郁症；

（5）调节生命节律，提高睡眠质量；

（6）增加男性性欲，提高精子质量；

（7）据最新研究，阳光可以预防癌症、缓解老年痴呆症。

还犹豫什么？赶快晒太阳去！记得享受“阳光维生素”的时候要保护好自己，不要晒伤哦！

## 22. 享受自由

自由是无比宝贵的东西，自由可以与幸福并驾齐驱——人们在形容幸福的时候，常常把自由放在幸福的前后做定语：希望“过着自由自在的幸福生活”，由此看来，自由与幸福的关系极为密切。

自由是什么？自由实质上就是无拘无束，是自己的事自己做主，是一种无压迫的舒坦状态。对于人类来说，自由是一种至高无上的权力，生命存在有多久，要求自由的愿望就会同样留存多久。“生命诚可贵，爱情价更高；若为自由故，二者皆可抛。”可见自由的高度是超越生命和爱情的。

没有自由的人生不幸福。即便是家财万贯、锦衣玉食、香车美女、应有尽有，缺少自由人也不会感觉到幸福。因而，有最低限度的可以自我支配、可以凭个人的意志生活生存的人身自由和随心所欲，是人们幸福的起点。在现代生活的重重压力和各种各样的捆绑约束中，要知道为自己预留一些自由空间，时不时为自己创造一点无拘无束的身心状态，品尝一点如空气般的自由自在的快乐和幸福是非常必要的。

那些“妈宝”“妻管炎”和被丈夫以爱的名义处处管束的不自由的人们，请培养独立意志，自行松绑，享受自由。

## 23. 幽默感

幽默感是人生中最有价值的品质之一，价格超过钻石和黄金。

心理学大师弗洛伊德说过："最幽默的人，是最能适应的人。"幽默是强烈的另类快乐。具备幽默感的人，通常是一个人际关系的高手和深受大家喜爱的人，他对于众人来说是一种精神的甘霖，而对于自己来说，具备幽默感的人因为看得开，所以永远不寂寞。

幽默感本来人人都没有，但是在生活中，幽默得多了，也就幽默了。幽默大多是在突发事件或者困窘中诞生的，或者说幽默感是上苍给予加上特别的历练才能得到的。具备幽默感的人通常比一般人多一份机智和调和能力，懂得自我保护而不受别人伤害，也懂得四两拨千斤，将一些纠结拧巴的事情举重若轻。有幽默感的人心态通常积极、乐观、自信、包容，他们会在特别的时候用自己的高情商来化解危机、降低紧张度，营造轻松快乐的气氛。他们总在艰难中放过别人也放过自己，这样具备才华和艺术的生活大家，想不快乐都难。

很想向那些幽默的人讨一些秘诀让你快乐，可惜他们都不告诉我。

## 24. 保持正面情绪

本书的正文里有专门的论述。本书的目的也是让你保持正面情绪。

正面情绪直接带来正面感觉，直接关系到一个人的快乐和幸福。我们已经知道，富翁未必快乐而乞丐未必不高兴，快乐和幸福说到底实在是一种个人的选择。所以，远离负面情绪就是幸福和快乐的方向，至于生活中存在的其他问题造成你的负面感觉和负面印象，呃——正视问题、解决问题再加上摆正心态就可以了。正面心态、正面情绪可以帮助你更好地解决那些存在的令人烦恼的问题。

记住哦，是正面情绪让你成为一个快乐和幸福的人。不管为了什么事情而快乐，做快乐幸福的人都会令你更有活力、更富魅力、更美丽、更健康、更受欢迎和更富创造力。所以，选择正向是第一步，汲取正能量、保持阳光很重要哦。

为了防止心态和情绪的倾斜和反复，记得自己需要控制，该装“开关”就装个“开关”吧！

## 25. 照顾精神自我

我们都知道要照顾好自己的身体。那你也知道要好好照顾自己的精神吗？

世界卫生组织统计，全球抑郁症患者已达3.4亿人，是目前世界第五大疾病，到2020年的时候，抑郁症将蹿升到第二位。这个坏消息告诉我们的，是提醒我们要像照顾身体一样呵护自己的精神。

保持精神健康目前也被视为一辈子的事情。不同于身体照顾的是，精神维护更需要靠自己。对于自己的身体、情绪、精神、心灵方面，都要有意识地去进行特别的呵护和关照，照顾好它们是照顾好自己的一部分。

照顾精神的自我，指对自己要经常审视，细心体会；要对自己有信心并接纳自己；要学会和自己相处；要学会爱自己。平衡的生活方式、享受家庭温暖、参加社交活动和爱他人对于你来说很重要，而照顾好自己的心理需求，及时满足自己的合理需要，不要“忘记”自己，对你自己来说，也很重要。

在过去，我们的教育总是教导尊重别人和善待别人，在生活中，你其实也需要学会尊重自己和善待自己。在照顾好需要照顾的人的同时，也不要忘记让自己随时随地地感受生活中实实在在的“小确幸”，快乐和幸福就会长久地环绕你。

## 26．做爱做的事情

做自己爱做的事情是每个人都懂的口号，但是很多人做不到。在我们的周围，很多人因为不能做自己喜爱的事情而不开心。不能做、做不成自己喜爱和想做的事情有多种多样的原因和理由，而那些因为做到了自己想做、喜欢做的事情的人的共同理由只有一个，那就是自己的坚持。

虽然道理很简单而喊喊口号也很容易，不计其数的人每天还是在做着自己不喜欢、不想做的事情：为了父母的心愿去读不喜欢的专业，为了老婆的愿望去赚钱，为了小孩的梦想自己在担待。为别人奉献出全部的自己当然是做好人啦，只不过年深日久下来，自己的心不知冷落何处，在幸福的人身旁，你找不见自己的幸福。

所以人不能为别人活着，虽然说人活着也不是全然为了自己。人当然不能自私，奉献也是应该的，但是也要为自己活。在找寻快乐和幸福的路上，开心地奉献别人，也不委屈和遗忘自己，这也是一种他人和自己间的平衡。

而那些能够将快乐进行到底的，统统都是在做着自己选择的此生最乐意奉献的事情。你的一生是不是无怨无悔？

## 27. 打扮自己

打扮自己？对，在心情低落或者生活缺乏新意的时候，精心装扮一下自己，可以立竿见影调度软塌塌的情绪。

将“格式塔”心理学中的“同形同构”原理用于生活，就是用外部事物的运动和形状来促进人的内部情感活动。一个人不爱美，那么他就不是那么热爱生活；会打扮的人懂生活，也懂怎样调度生活。精心装扮，吸引的不仅仅是很多“别人”，它也让你更加喜欢你自己。爱打扮的女人们人人都知道打扮能够带来好心情这一点。即便你是男性，我也希望你能够提振自己的精神，因为让自己整洁、优雅和看起来漂亮、潇洒，实在是比做出什么业绩来打败自己竞争对手容易得多得多——更何况你也会爱上美美的自己呢！

所以，打扮自己首先是对自己的关注，其次是对自己的整理、展示，再次是对自己美好一面的肯定和发扬，让自己更具吸引力。

快！用一用你的秘密武器“美的生产力”！

## 28. 养宠物

宠物是人类的朋友。它们不会讲话却能够和人类沟通甚至相依为命。

但凡宠物，都有着可爱的外表或者脾性，能够和人类和谐相处。养宠物不仅带给人许多欢乐，而且在很多方面有益身心。有宠物陪伴的老人可以降低血压，同时减少心脏病和中风的风险；有宠物玩耍的小孩可以减少过敏现象，另外也学会照顾动物。养狗的人会增加户外运动量和扩大交际圈；抚摸猫儿可以让人减少孤独感；养鱼据说可以让人精神放松、情绪平静。

宠物的陪伴，除了让饲主减少孤独、精神愉快之外，还可以让人更加尊重生命，培养责任心和更富爱心。宠物带来的活力、欢喜和亲密陪伴，可以减低孤独症、抑郁症的发病可能，也让人觉得自己被需要而更自信。适时地将关注重心从工作上转移到生活中、转移到宠物身上，是减轻压力的好办法。

并且，动物对人的爱情真意切，纯洁不掺假，对人类精神的慰藉赛过任何药物。

## 29. 不生病

我们可以让自己不生病吗？

听起来近乎不可能。但是可以尝试。

现在医学很发达，我们已经了解了许多疾病的发病原因和机理。如果我们可以按照“预防为主”的理念再配合健康平衡的生活方式，做好压力管理和调控好自身的情绪问题，那么，基本上可以把生病的可能性大大降低了。

让自己不生病听起来有些无从把握，不过，跟应对大自然中的自然灾害一样，积极地减灾防害，是完全可以做得到的。目前，人类自身的健康保健问题已经大跨步进步了很多，生存状态和寿命的延长即是例证。早在两千多年前，中医著作已经提出从预防“治未病”到不生病的概念，如果真的做到不生病、甚或是因为采取平衡生活的法则而减少生病和延迟重大疾病的发生，都可以视为人类在健康保健方面的进步。

非常简单，减少疾病的痛和苦，就会提高生命质量；不生病的人会多出许多许多的幸福和快乐。向着目标努力吧！

## 30. 不过劳

“过劳死”是现代社会的伴生物。即便是很多工作狂过劳得尚未倒在工作岗位上，但是，近10年来登上报纸的英年早逝的社会精英也不是少数，三十几，五六十撒手人寰的，与目前人类将近80岁的平均寿命相比，还是去得太早。

毫无疑问，工作是人生中的一项重要内容；人们勤于工作、乐于工作，除了保障收入还能带来成就感。工作赋予人生重要价值和意义，并且带给人们很多乐趣。但是随着社会节奏的加快和管理严细，再加上人们自身的过高目标和期望，很多工作常常是不仅让人疲劳而且已经过劳。一些人长期在高压状态下工作，一些人长期加班加点，当成绩临近了，健康和快乐却走远了。

疲劳已经不舒服了，过劳即为透支。短期过劳或许还能弥补恢复，不断的透支和过劳，损害的除了健康，还有快乐，还有很多你应该慢慢享受的东西。

只有工作没有娱乐的日子不会幸

福。连鸟儿还需要歌唱呢。

“工作狂”虽然创造了绩效和成就，但是据说，第一他们不那么讨人喜爱，第二他们不懂幸福。

## 31. 吃快乐食品

食品能够改变人。

不是吗？人类因为懂得用火之后，以熟食代替茹毛饮血，继而改变了人猿的长吻颚骨，让我们得以拥有现在这样美丽光滑圆润的脸庞。

食物在过去改变了猿，也能在今天改善我们的情绪。435年前李时珍就尝遍百草，在《本草纲目》里记录了1800余种药性食物，“药食同源”已经被中国医学应用成了传统。现代科学家也早已证明一些食物对人体的影响和作用，食物既可以让人激情澎湃，也可以令人昏昏欲睡；既可以让人欣喜、快活，也可以让人烦躁、忧伤。所以小心哦，吃进腹中的不同性质的食物，对人有着不同的影响。民俗民谚里有大量的有关食物品性的故事、传说，“桃养人、杏伤人，李子树下埋死人”即是一例。

你当然不必再去研读《本草》了，简单记住十多种快乐食品缺什么补什么就可以了。针对自己的体质情志，有目的地经常食用某些食品，让它们自动帮助你分泌快乐物质，带给你活力和快乐的好感觉——久而久之，你的基因会有记忆，而改变的不仅仅是你自己，你的后代也更快乐喔！

## 32. 巧克力

提起快乐食品，当然首推巧克力了。

巧克力是想起来就可以令人微笑的食物，吃起来当然更美味。没有人能够拒绝巧克力，就像没有人能够拒绝爱情一样。

巧克力让人念念不忘，成为路人皆知的快乐食品，是因为它是激发大脑分泌血清素的黄金食品。巧克力所含的一种PEA的化学物质有兴奋作用，有助于帮助人们减低压力。另外，医学研究证明常吃巧克力能够减低心血管疾病风险，还能够改善血管的柔韧度。巧克力既可以增强人的视力，还可以改善空间记忆力，并且能够使皮肤更加光亮，有美容作用。据说巧克力还具备另一项显著的心理层面的作用，那就是广为人知的催情，因为它总是跟“情人节”“情人”和“爱”连在一起。

不管那么多了！性格沉郁的人不妨多吃巧克力，感觉消沉、沮丧的人也不妨试试，需要保持情绪高昂、焕发活力的也不妨经常吃一些。每天吃2平方英寸的黑巧克力就够了，记得可可含量要72%以上的哦，含奶和糖太高的吃胖了要自己负责喔！

## 33. 葡萄酒

酒，是一种让人飘飘然的东西；酒精，是让人的大脑兴奋的一种物质。

喜庆时喝酒，哀愁时浇愁，酒和人的情绪总是相关。成为酒鬼当然不好，醉酒、酗酒不是酒本身的问题，还是心里有事情。但是如果让酒成为生活中的良友和保健佳品，肯定利大于弊，既能提振情绪，又能软化心血管。

尤其是红葡萄酒。它不仅能够保护血管抵抗动脉硬化，还可以抑制血小板凝结和防止脑血栓；它既可以抗癌、抑制脂肪吸收和防止结石、黄斑变性，更可以提高记忆力、美容养颜、助眠和增加情趣。

当然，“花开半看，酒要微醺”，再好的东西，把握一个度很重要，饮酒过度，大醉伤胃，浇愁伤肝，不要讲快乐了，恐怕那将很不舒服，你懂的——

快乐适量，幸福久长。

## 34. 甜品

冰淇淋、巧克力、蛋糕、甜品，想一想心头都是甜蜜的！

都知道高糖是垃圾食品，都知道糖是“甜蜜杀手”，但是我们的大脑和味蕾天生就喜爱它！

糖和甜味，对于人类来说，具有无法抗拒的诱惑力——对动物来说一个样，看看狗熊馋蜂蜜的熊样儿，就能体会那种快感。

因为糖是人类不能缺少的六大营养素之一，食物中的糖分进入血液转化为血糖，血糖的波动直接影响人的情绪和状态。吃过甜食会心情大好，是因为甜食会激活大脑中的多巴胺神经元，释放类似吗啡的物质，使人产生毒品般的兴奋上瘾感觉。虽然糖分提供人的能量使人精力充沛，甜感使人愉快并且可以减低痛楚、减少紧张抑郁的感觉，但是高热量和过多的胰岛素会导致糖尿病和心血管疾病的发生。

“嗜糖之害，甚于吸烟”，甜蜜过度是痛苦，即便是果糖更健康一些，仍需切记适可而止喔！

## 35. 选择快乐色彩

我们的周围充满了色彩。人的眼睛接受现实生活中80%的信息，而对视觉影响最大的是色彩。

色彩除了对人的心理有重要影响之外，对人的情绪调节也有很大作用。暖色调产生温暖的感觉，冷色调产生寒凉沉静的感觉；高调纯净可产生明快的感觉，深暗、混浊则产生抑郁的感觉。红色常常让人感到热情、兴奋和冲动；蓝色给人以悠远、宁静、理智的感受；绿色清新自然、平和而有活力；黄色明快、有警示的作用；粉红让人觉得甜美轻松；黑色则有距离感和压抑感。

在生活中，我们可以结合自己的年龄、职业和性格、爱好，在穿衣打扮、环境布置等过程中，恰当地、有意地使用合适又能提振或者安抚情绪的色彩，让自己处于一种舒适、安宁又能够焕发活力的状态，这既有助于你塑造自己的形象气质，又有利于身心调适，保持愉快轻松，增加自信、提升快乐感。

——告诉你一个秘密，我写东西喜欢用粉红的笔和粉绿的便签呵呵。

## 36. 社交与人际关系

“没有人是一座孤岛。”

人是社会动物，需要社会交往和人际关系的支撑。善于交朋友的人有人脉支持，拥有家庭的人有家人依靠，有亲密关系的人享受情爱。人们以各种不同的方式和选择，在社会和群体中找到支撑自己的网络和结点，以“抱团取暖”消除孤独和增强力量。社会交往和人际互动在人的一生中必不可少，一个好汉三个帮，鲁滨孙还有个星期五呢。

越快乐的人越外向，越内向的人越自闭。越喜欢社交和人际互动的人就越能获得更多人的喜爱和支持，而缺乏社会支持网络的人，常常会孤单而不快乐，久而久之，会对身心带来不良影响。抑郁、焦虑、压力、绝望常常伴随那些人际关系不畅的人。亲情、友情、爱情需要在互动和支持分享中互相滋润、共同成长。

为了你的精神生活丰富又健康，为了你个人的幸福和快乐，你需要抽出时间拓展你的人际关系，主动地打开心扉融入人群；当你对别人表示关心、支持、鼓励、赞美之后，就像在春天撒下了种子，你将会享受到丰美的秋收——并且，你收获的通常比你想象的要多得多。

走出自我，交更多朋友吧。



## 37. 关爱他人和行善

印度有句谚语：“真正的快乐在于使人快乐。”

我们从小生活和生长的社会，也是个“人人为我、我为人人”的社会。

“授人玫瑰，手有余香”，“把爱传出去”这些教化人们利他、行善的理念口口相传，天天都被人们身体力行和发扬光大着。世界上最美的事情，是看到他人脸上的微笑。一个人穷其一生为自己的生存和生活打拼，但是，一生中至少要做一件利他的事，一生中要做一次慈善。

既然每个人都曾经承受过他人的恩惠，那么，回馈他人回报社会，帮助需要帮助的人，做一个仁慈、慷慨、奉献的人，会使你感到由衷的欣慰和快乐。你不仅仅是帮助了一个苦恼的人、一个不幸的人、一个需要帮助的人，而且从帮助别人的行为中，你能体认与感恩自己的好运，你会确立自己是个有同情心、有自信、乐于付出的人，从而更加认可自己的社会价值。

帮助他人，就是帮助自己。把爱传出去，看爱开花，让生活更美好。

## 38. 做爱

快乐的方法有很多。性爱的欢愉被称作“致命的快乐”，双人快乐的巅峰叫“高潮”，仅仅从这些描述的词语，就可以领略此种独特的快乐之强度。

毫无疑问，做爱是一项“快乐运动”。这种快乐的浓度和滋味，让人从想入非非、飘飘欲仙到深陷其中、乐不思返不一而足，快乐到使人必须用理智才能控制自己和喊醒自己。

对于这项争议性颇强和有道德底线的快乐方式，绝大多数人都能心知肚明地审慎行事。只是现代社会的生活方式已经多样化了，工作压力大，生活又沉重，人与人之间也愈见淡漠。沟通越来越少、情分越来越薄，在生活和工作的双重重压下，真情至性愈显珍贵；再加上不婚族、宅男剩女和离异人群比例的壮大，“性福”变得难以把握和持久。

社会越发展越开明，社会环境越来越宽松。无论性的话题多么讳莫如深，越来越多的人还是明了了人生的终极意义和自身幸福的价值。因而，在不违反社会道德和文化风俗的前提下，享受你贴身的爱吧。和谐健康的性爱可以延年益寿、放松身心、亲密情感、减少忧郁、安恬入眠以及增加身体耐力，可以提高免疫力，还可以减轻痛感，令容颜焕发光彩和预防癌症，它甚至可以让人的性格变得柔和、可爱。

“性爱是一种很好的松弛剂”，既如此，多做爱吧！

## 39. 深思后的放浪形骸

有时候，人需要一次爆发。

放浪形骸，就是不受世俗礼法的约束，旷达豪爽，为所欲为。“人贵适意”，人生难免会遇到非常特殊的时刻，或进退维谷，或不想或不能控制自己，而又需要一种爆发式的奔涌，那就偶尔放纵一回吧，让自己从重重叠叠的家法、礼法中跳脱出来，喝酒至醉、玩游戏到累、跳舞整夜不回等等，大妨“High”一下，真的没什么所谓。

所以，就有一些奇装异服、角色扮演、逃离城市玩失踪、滚泥巴、跳钢管舞、野外疯探险等等稍微另类一些的活动存在。如果你从来都很正点的话，如果你从来都没有放浪形骸，不需要灯红酒绿，那是因为你不需要，恭喜你！要么你已经蛮幸福了，要么，你可能从来没有经历过一种痛，一种狂喜，那种痛或者狂喜会让人有点倾斜——如果你身边有人如此，理解他但不鄙视他。

需要如此的人，请三思后而为之：不伤别人、保重自己，记得在压力、孤苦、寂寞、失意和其他说出口说不出口的理由宣泄了之后，返回正常轨道，越快越好！

只有生活，是别人无法代替的，你必须一步一步走出来。

## 40. 想象力

得到快乐最简易、最无须成本的办法，是利用自己的想象力。

想象力人人都有，但不是人人都会开发和使用。想要获得快乐，最简单的行动，就是足不出户人在办公桌前发“白日梦”——有时只需几秒钟，头脑里意会一个画面，脸庞上已经展露出笑容了。

“白日梦”总是优哉游哉的，充满了超现实的快乐。幼童都会利用这样的能力娱乐玩耍，我们长大了以后反而被现实绑死了。激发想象力的快乐一点也不难，想一想妈妈的笑容，想一想怀抱小狗小猫的温暖，想一想朋友的趣事，想一想可恶老板跌落窨井里的窘态，想一想旅行前的憧憬，想一想爱人的缠绵，当你脸上浮现出微笑的时候心中就轻松了。它不仅可以带来快乐，还可以让头脑跳出条条框框，开发潜力、培养创造力和让自己更聪明。

想象力和“白日梦”有时候是生活中的一剂轻松剂，大多在不那么愉快、身不由己的时候特别管用。好莱坞的电影主角们经常在最艰难的时刻运用想象力，帮助自己摆脱危难时刻。

陶醉在自己的想象中，虽然并不能改变大时局，暂时地在虚拟的快乐中感受愉悦、感受新奇、改善心情、缓解压力，也是提升幸福感的一个途径，迈过了眼前的坎，说不定就柳暗花明又一村了。

# 跋

## Put a Smile on Your Face：把微笑映在你脸上

自从“十倍薪”在2013年7月新加坡首发出版之后，中国北京版和台湾版的“十倍薪”也相继于2013年10月和2014年10月陆续在两地上架。对于广大读者来说，如果他们可以接受书中的观点，给自己一个合乎心意的生涯规划并且按照自身意愿和发展动律持之以恒地付出努力的话，或许他们可以更快地实现自己的目标和愿望；而对于我来说，完成了对人们最基础的人生规划物质安保策划部分，下一个目标，则是为大家如何搭建精神的舞台增砖添瓦——我是说，虽然我感觉对于叙说人类精神层面的活动倍感吃力，但还是愿意躬身探索，以抛砖引玉之势，尝试涂写关于人们快乐和幸福的无形有声画卷。

于是就有了这个“胞弟”——如果说“十倍薪”给予的是现代社会人们生活安身立命物质外保的生存技能的话，那么，“幸福地图”则是给现代快节奏、高压力、多欲望、亚健康人群的一片心头绿荫，一曲精神的摇篮曲和安神曲。看着10：1的抑郁症医学统计数字，心中常有震颤，感慨现代生活之不易，感同身受你的压力与我一样大却又没奈何。读读报章上的报道、掰手指算算身边同事和朋友中抑郁的和“中癌票”的再加上驾鹤西去的，常就觉出了生活的残酷，感慨现代社会物质虽这样发达，而精神的养料却如此浅白、残缺。苍白得这么没营养和不能持久，又何以滋养热忱奔放的生命！我们是不是需要稍微转移一下紧盯物质的过于近视短浅的视线，放远一些眼光在风物的远端和心窝里的内在，让自己多一些丰富的心念和愉悦的感知力，哪怕稍微多一点点？

坦白讲，书写“幸福地图”比“十倍薪”难多了。这本最早在2013年11月26日起草大纲的小书，拉拉杂杂一直到2014年9月才完成初稿。不是因为别的，是因为这本书的选题，及至书写展开的时候才知道对于论述幸福和快乐这种虚的抓不着的东西有多困难——等到知道自己做了一件傻事的时候，想折返就只有放弃。而放弃“幸福”，那前面研究过的“财富”又成为一个不完整。无论如何，弄清楚“财富”与“幸福”的方方面面，它不仅是一个选题问题，它还是我的工作，如果我连这些纠结在一起的有关人生的最起码的财富和幸福的基本面都搞不清楚的话，那我还做什么策略顾问？还做什么人生教练？

所以就只有继续前行——这不仅是我的一个写作选题，也是工作，它还是，还是我的那些抑郁的朋友以及其他人的切身幸福问题。我明白，对于非医学和心理学专业的我来说，论述人的情志、精神和疗愈方面的问题有多么力不从心，并且，不用实证案例、临床分析和调查统计的惯常写法来佐证观点，这样写出来的书，会被认可吗？

我知道我写了一本前所未有的枯燥的书——因为，对“快乐”和“幸福”这类“啊！——”一声就抒完情的主题来说，不用讲故事、堆案例的方法来写就注定不容易读。但是我还是希望，读这本书的效果能像吃“六神丸”一样，虽然麻酥酥的苦但是能够医到病——我竭力把不容易说清楚的东西尽量浅白地叙述出来。

人生能犯傻也是一种幸福。不知道什么时候，人就不会再去触碰不熟悉的领域了，不再向高处、难处攀爬了。这本折腾我再三的书，是我学到最多、也是我认为我写的最艰难的一本书，因为它阐述的是大家都熟悉的人生中最熟稔的问题，我知道你要的不是词藻的华丽和文采，而是解决人生问题的实用方法。

我不知道你现在的年龄几何，不知道成功对于你来说是不是意味着生活的全部。不过，从我所接触到的、看到的、读到的人、事、物给我的启发来看，当你拥有了基本稳定和有保障的生活、开了心智的时候，有那么一天，你希望自己能够静下来，不再红尘滚滚地追物质；

你渴望一个身心平衡的生活，一个物质充裕和精神丰满的生活，甚至是，精神快乐多于物质享受的生活。至于你的这一天从什么时候降临，那还是要看你自己的瓜什么时候终于成熟，蒂自动落了的时候；要看生活对你的厚爱和历练，要看你自己开悟的程度和你对生活诀窍的把握，别人还是一样的无法替代。

所以，上一篇，我们一起探讨“十倍薪”是为了乳酪面包和享受美丽的香槟、红酒；这一篇，我们将嗅吸玫瑰的芬芳、笑看人生四季的轮回。发现世界、寻回自己，欣赏美、回味人生、体验和回归生活，在丢失和迷乱中寻找回来一个宁静温馨如昨日之梦一样美好的自己，逐渐地完善和提升自己，学会欣赏平静和享受高贵的孤独，学会和这个世界以及和自己和谐相处，学会接受自己、聆听内心并和自己的灵魂对话，学习精神上细腻的感受和发展创意快感，尝试着做一个生活的美学家而不是一个只会哀叹的失败者。当你享受着身心平衡、放飞自我的时候，我等着看你阳光直透心底、脸上漾出微笑时的动人模样。

当我们渐渐变老的时候——确切地说可能就是45岁中年之后吧，你必须开始构筑你的精神世界了，否则的话，即便是跑得足够快拥有了百倍薪无限薪，也可能仍然不够快乐、仍然觉得这世界短了你些什么——那也许就是我们常常提到的“灵魂的缺憾”吧。所以，除了武装一个足够强大的、支撑这一生的物质世界，你还需要一个更加强大的、足以支撑生命完整的广袤无垠的精神世界。培养爱好（有益的嗜好）、滋养性灵、焕发身心，可能是你下半生不可或缺的功课呢。

如何面对自己的下半生，如何过自己的生活，每个人有每个人的活法；如果能有意地明了一下自己生命的意义，学习掌控自己的情绪，培养有益身心的正向思维方式和良好的行为习惯，你会体验到一种内在的生长和自我驾驭的快乐。心智随年华不断成熟着，思想在岁月中常青，青春不再表现在脸上而是常绿在内里，这可能对你富足之后的人生大有裨益。因为拥有了不老的精神，你才能拥有持续的活力源泉；如果你的心疲倦了、委顿了，或先于身躯死去了，那么，随着岁月一并而来的，就只有老化、苦闷、疾病、寂寞和悲凉了——我不知道那是不是你此生存在的终极意义，是否辜负了你曾经如此努力追求过的人生。

这本书更像是一个心智启蒙的游戏，它远比“十倍薪”简单易行但是却需要你相当一个阶段的修行和体悟——它是一种思维方式的训练和行为方式的精进——你此生幸福和快乐的最大敌人和最大障碍是你自己。改变和控制我们自己，需要的是一生一世的追求和不懈努力，你尽心去做了，那种美好自然在你的前方等着你。

让我们从心出发吧，这一次我们各自拥抱自己的快乐和幸福!

祝你成功——这可能才是你人生中真正的成功。

谢谢你读到这一页，谢谢你喜欢我的文字。谢谢!

狄芬尼

2015 年 6 月 25 日 修订

于新加坡东海岸 鸣翠阁

# 致谢

首先，我要感谢那些信赖我的好友，是你们的推心置腹和人生经历给了我灵感和启发；在本书写作过程中，我很荣幸有机会在一些篇章中应用、测试部分理念和内容。

其次，我要感谢中国深圳海天出版社的全体同仁，感谢许全军主任为本书出版在选题、风格和版式方面的悉心建议，感谢美编和设计人员，是你们的共同努力，让本书愈加美丽。

我也必须感谢互联网。像我的前两本书一样，这本书也是从网上投稿给海天的。感谢接线员亲切耐心的解答，这样，我才联络到了有创意的许全军，与未曾谋面的他和陌生的出版社结缘。

最后，我要谢谢老朋友郭亮，在主持、拍戏、讲课走马灯式的繁忙中拨冗为本书写序。才华横溢的郭亮，不仅演艺炉火纯青，更可贵的是他的严谨和受称道的为人，他的专栏跟他的人一样棒。

我也以诚挚的心感激我的读者，谢谢你们的大力支持；你们是我辛苦写作的动力和莫大慰藉。

# 瀚·心灵系列图书推荐

## ——徐竹心灵小语系列

瀚·心灵

### 《放得下，生活无牵挂》

［台湾］徐竹◎著　海天出版社　出版时间：2014.11　定价：32.00元

每一段时间，我们都需要停下来好好检视我们的生活，才能帮助自己拥有更快乐、健全的人生。也许我们曾犯了错，导致一段不堪的岁月，但并不是注定未来就会一直如此。我们无法改变过去，不如就改变未来吧。

### 《要想拥有安然自在的心，就不要为难自己》

［台湾］徐竹◎著　海天出版社　出版时间：2014.11　定价：32.00元

没有什么困难是不可征服的。可悲的是，来自我们内心的负面作用，使我们无法安然自在。当你不再为琐事而为难自己时，就会发现其实自己不必完美，就可以拥有圆满富足的幸福人生！

### 《生活简单就是幸福：让烦恼舍离的五种练习》

［台湾］徐竹◎著　海天出版社　出版时间：2014.11　定价：32.00元

要让自己幸福快乐很容易，只要在面临抉择时专心致志，不要把思绪束缚在琐细而无意义的事情上，你就能迅速做出对自己最有意义的判断。其实人生的阻碍都是我们自己一手造成的，让我们断绝烦恼，迈向简单幸福的生活。

### 《一个人的极致幸福：从爱上自己开始》

［台湾］徐竹◎著　海天出版社　出版时间：2014.11　定价：32.00元

只要我们懂得适时地放下，凝视自己的内心，以满足的眼光看待周边的每一件事物，如此一来，无论是处于什么样的位置，都将能受到幸福的围绕，处处都是极致幸福的所在。

徐竹

### 作者简介

淡江大学大众传播学系肄业，工作经历非常丰富，曾端过盘子、卖过流行服饰、做过半宝石饰品设计，亦是儿童作品编剧、新闻杂志社会记者、BAZAAR杂志采编、女性杂志主编、动画公司编剧等，已出版过的书籍有爱情小说、小品、心理励志以及少年小说、童话等。得奖记录："大墩文学奖""梦花文学奖""好书大家读"等。

# 瀚·心灵系列图书推荐

定　价：35.00元

## 《美好人生是管理出来的》

**一本寻找人生方向及人生定位的实战手册**

“管理”不只应用于企业、职场，更可以运用来管理自己的人生。本书告诉你如何活用管理原理，找到自己的人生密码，开创成功的人生。

**隆重推荐**

台湾“清华大学”原代理校长 李家同
台北大学原校长 侯崇文
台湾统一星巴克总经理 徐光宇
台湾逢甲大学校长 张保隆

定　价：35.00元

## 《影响力是通往世界的窗户》

**影响力是人改变世界的一扇窗户**

每个人活在世界上最大的生命意义，就是去影响别人，实现自我价值。

透过这扇影响力之窗，你得以进入屋内，找到自我；更可以走出窗外，自由发挥，发挥你的世界的影响力。

**隆重推荐**

台湾“清华大学”原代理校长 李家同
美国 STARS 集团总裁、斯坦福大学教授 余序江
台湾统一星巴克总经理 徐光宇
台湾固网副董事长 张孝威
台北大学校长 薛富井

## 作者简介

陈泽义，台湾交通大学管理学博士，美国加州斯坦福研究院（SRI）博士后研究。历任台湾“中华经济研究院”研究员、铭传大学管理研究所教授、台湾“东华大学”管理学院代理院长、EMBA 执行长。现任台北大学国际企业研究所教授，担任教学与研究职务已有 17 年。

瀚·心灵

瀚·心灵